材料学シリーズ

堂山 昌男　小川 恵一　北田 正弘
監　修

固体表面の濡れ制御
増補新版

中島 章 著

内田老鶴圃

本書の全部あるいは一部を断わりなく転載または複写(コピー)することは，著作権および出版権の侵害となる場合がありますのでご注意下さい．

材料学シリーズ刊行にあたって

　科学技術の著しい進歩とその日常生活への浸透が20世紀の特徴であり，その基盤を支えたのは材料である．この材料の支えなしには，環境との調和を重視する21世紀の社会はありえないと思われる．現代の科学技術はますます先端化し，全体像の把握が難しくなっている．材料分野も同様であるが，さいわいにも成熟しつつある物性物理学，計算科学の普及，材料に関する膨大な経験則，装置・デバイスにおける材料の統合化は材料分野の融合化を可能にしつつある．

　この材料学シリーズでは材料の基礎から応用までを見直し，21世紀を支える材料研究者・技術者の育成を目的とした．そのため，第一線の研究者に執筆を依頼し，監修者も執筆者との討論に参加し，分かりやすい書とすることを基本方針にしている．本シリーズが材料関係の学部学生，修士課程の大学院生，企業研究者の格好のテキストとして，広く受け入れられることを願う．

　　　　　　　　　　監修　　堂山昌男　小川恵一　北田正弘

「固体表面の濡れ制御」によせて

　熱したフライパンに油を引くとサッと広がる．これに対して，プラスティック板上の水は水滴状に丸くなる．これらの現象は一般に「濡れ」と呼ばれ，接触角を用いたヤング（1773-1829）の法則としてマクロに理解されてきた．

　ところが，濡れという現象はたとえば高層建築物の窓ガラスの汚れや自動車のフロントガラスの雨滴の除去といったきわめて現代的な課題と結びついている．また接着剤や潤滑剤を理解するうえでも欠かせない基礎的現象でもある．

　測定手段の格段の進歩，物質の微視的理解の蓄積，表面・界面の微視的制御などの材料科学的手法を駆使することにより，濡れという現象の体系的理解がようやく緒についた．平成16年から3年間，神奈川科学技術アカデミーのプロジェクト「ナノウェッティング」を牽引したプロジェクトリーダー中島章先生が自らの成果も取り入れ，ついに完成した待望の濡れ現象入門が本書である．本書を砦にこの魅力ある未開拓分野に挑戦してみようではありませんか．

　　　　　　　　　　　　　　　　　　　　　　　　　　　小川恵一

まえがき

　本書は材料科学の初学者向けの，固体表面の濡れに関する教科書である．今日，固体表面の濡れに関する数多くの教科書が出版されている中で，本書を執筆するに至ったのには理由がある．

　材料科学は固体材料の物性やその製造プロセスを取り扱う学問であるが，固体表面の濡れの現象を取り扱う学問は主にコロイド界面化学であり，従来の教科書の多くは，この視点から記述されている．コロイド界面化学は，電気泳動や電気浸透など一部に速度論的な要素を含んだ内容があるものの，大部分は静的な濡れの現象を取り扱っている．このため，取り扱いが全体的に"熱力学"的で，「時間」の概念を含んだ"速度論的な濡れの挙動"の部分に関しては充分な記述がなされていないことが多い．

　一方，流体力学はコロイド界面化学とは異なり，ほとんどが流体の動的挙動を取り扱っており，静的な挙動を取り扱うことはほとんどない．流体力学は流体の挙動を理解する上で有益な現象を与えるが，そのような流体の挙動を与える固体材料表面の因子と，それらの寄与する程度，さらにはそのための製造プロセスなどについては必ずしも有用な知見を与えない．

　流体やゲルは，固体にはない構造や大きさの変化に対する柔軟性を持つ．固体による流体の静的，動的な挙動の制御は，新しい機能表面や機能デバイスに発展できる可能性を秘めている．また，流体の効率的な移動は，様々な工学分野において，環境汚染の低減や省エネルギーに繋がる要素技術と関連がある．この「ソフトマターの制御を目的とした，コンデンストマター（凝縮系材料）の表面科学」は，静的な濡れの現象論を主として取り扱う界面化学と，流体の動力学を主に取り扱う流体力学の両者を包括する新しいサイエンスである．近年のプローブ顕微鏡の普及や，コンピュータを用いた計算科学，動画処理技術の発展により，この分野は目覚しい進歩を遂げており，近い将来，材料科学の

中心的な分野の1つとなることであろう．

しかしながらこの分野は未だ発展途上の新しい材料科学の領域であるため，これまで初学者向けのテキストがなかった．本書はこの点に鑑み，材料科学の初学者に対し，この新しい分野の基礎となる内容を記述したものである．新しい濡れに関する教科書ということで，本書では思い切って従来の教科書とは異なる内容構成を試みている．まず各種固体の表面の特徴づけから入り，コロイド界面化学をベースとした"静的"な濡れと，流体力学や表面科学を基礎とする"動的"な濡れの両者について，「固体材料科学」の視点を意識して記述した．この際，それらの特性の計測手法とその特徴についても踏み込んで記述した．また材料科学は「工学」の一分野であることから，外場制御，指紋付着防止技術，着雪防止・落雪促進技術など，濡れを応用したエンジニアリングの発展的な内容も盛り込んだ．

しかしながら，この広い学際分野を，一著者が一書に纏めるのは至難の業であった．本文の記述に関しては，可能な限り材料科学の初学者に分かりやすいように努めたつもりであるが，時間的・分量的制約のため，充分な記述が叶わなかった箇所もあることをどうかご容赦頂きたい．本書の内容が，表面材料科学を志す学生諸君や研究者・技術者の方々の理解を深める上で，少しでもお役に立てば幸甚である．

本書の出版には想定を越える時間がかかりましたが，執筆の機会を与えて頂いた上に二度に渡り全体を通読して有益なアドバイスを下さった，元横浜市立大学学長の小川恵一先生に深く感謝いたします．また，原稿完成を粘り強くお待ち頂いた内田老鶴圃の内田学社長に深謝します．そして著者と共にこの新しい材料科学に果敢に挑戦してくれた東京大学，東京工業大学の学生諸君，研究生諸氏，財団法人神奈川科学技術アカデミーの研究員諸氏に心から感謝します．

2007年　盛夏

大岡山キャンパス　南7号館の居室にて

中島　章

増補新版によせて

　2007年に材料科学の初学者向けに，固体表面の濡れに関する教科書として本書を発行してから12年の歳月が流れた．この間，数多くの研究が実施され，この分野の内容は予想どおり大きく進展している．本書は初学者向けの基礎的な事項を中心に記述しているため，記載内容そのものが古くなったという感はないが，固体表面の濡れに関するサイエンスは，実験装置の進歩とも相まって，近年，工学上ならびに工業上ますます重要性を増している．この分野の研究の広がりと面白さを読者にさらに実感して頂くために，今回，これまでの内容に加えて，新たに第10章として「固体表面の濡れ制御に関するトピックス」を執筆した．本書が引き続き材料科学分野の初学者に，この分野の基礎的事項を学ぶ上での道標となり続けることができれば幸甚である．

　増補版の発行にあたり，この分野の発展に多方面で御協力を賜っている茨城大学の酒井宗寿准教授に心から感謝します．

　2019年　盛夏

中　島　　章

目　　次

材料学シリーズ刊行にあたって
「固体表面の濡れ制御」によせて

まえがき……………………………………………………………………… iii
増補新版によせて…………………………………………………………… v

1　今，固体表面が面白い
1.1　近代表面科学の幕開け ……………………………………………… 1
1.2　表面の濡れが生み出す世界 ………………………………………… 2
1.3　単純ではない表面の濡れのサイエンス …………………………… 5
　　参考文献 ………………………………………………………………… 8

2　固体表面の物理化学的特性
2.1　固体表面の一般的性状 ……………………………………………… 9
2.2　各種固体表面 ………………………………………………………… 16
2.3　分　散　系 …………………………………………………………… 20
　　参考文献 ………………………………………………………………… 28

3　接触角と表面エネルギー
3.1　表面張力と表面自由エネルギーの2つのアプローチ …………… 29
3.2　表面エネルギーの熱力学的解釈 …………………………………… 34
3.3　濡れによる仕事 ……………………………………………………… 36
3.4　表面エネルギーの成分分け ………………………………………… 39
3.5　表面エネルギーとその見積もり …………………………………… 45
3.6　ラプラス圧力と毛管長 ……………………………………………… 53

3.7 固体の静的濡れ性の測定方法 ………………………………………… 58
参考文献 ………………………………………………………………… 62

4 固体表面の状態と静的濡れ性
4.1 表面エネルギーの分布効果 ……………………………………………… 63
4.2 長距離力の効果 …………………………………………………………… 66
4.3 表面構造と濡れ …………………………………………………………… 70
4.4 超親水性と超撥水性 ……………………………………………………… 78
参考文献 ………………………………………………………………… 83

5 傾斜表面に対する静的濡れ性の限界
5.1 静的濡れ性と液滴の転落 ………………………………………………… 85
5.2 転落角の測定と前進・後退接触角 ……………………………………… 86
5.3 三重線と転落モード ……………………………………………………… 89
5.4 固体表面と水との相互作用 ……………………………………………… 94
5.5 表面張力の時間依存性 …………………………………………………… 96
5.6 転落角に影響を及ぼす固体表面の因子 ………………………………… 97
参考文献 ………………………………………………………………… 103

6 固体表面での水滴の動的挙動
6.1 転落角と転落加速度の違い ……………………………………………… 105
6.2 流体力学の基礎 …………………………………………………………… 107
6.3 流体力学から考えられる液滴の転落性 ………………………………… 117
6.4 表面科学的視点からの転落加速度の研究 ……………………………… 119
6.5 平滑なフッ素表面での水滴の転落 ……………………………………… 126
6.6 転落加速度の測定方法 …………………………………………………… 128
6.7 濡れ広がりとコーティングに関する動力学 …………………………… 130
6.8 外場を用いた液滴の制御 ………………………………………………… 134
6.9 複雑な液体系の挙動 ……………………………………………………… 139

参考文献·· 142

7 接着と潤滑
7.1 接　　着·· 145
7.2 潤　　滑·· 153
　　参考文献·· 164

8 着落雪と氷結
8.1 着　落　雪·· 165
8.2 固体表面での水滴の氷結·· 174
　　参考文献·· 182

9 各種基材の濡れ制御とそのための材料
9.1 高分子の濡れ制御·· 185
9.2 金属・セラミックスの濡れ制御·································· 186
9.3 撥水剤と親水剤·· 187
9.4 コーティング方法·· 195
　　参考文献·· 203

10 固体表面の濡れ制御に関するトピックス
10.1 衝突転落性·· 205
10.2 自　発　跳　躍··· 207
10.3 固体/液体ハイブリッド材料····································· 209
10.4 水ハーベスタ·· 212
10.5 ライデンフロスト現象·· 213
　　 参考文献·· 216

索　引··· 221

1
今，固体表面が面白い

1.1 近代表面科学の幕開け

　固体の表面は化学反応の場であり，固体自体と他の物質，光，熱，電荷，情報といったものとの直接的なインターフェイスである．バルク固体にはない表面の特異性は，基礎科学や応用科学で様々な視点から今なお興味が持たれて研究が進められている．表面の特異性とは，分子や原子の性質がバルク固体に比べ，より顕著に発現する特性ということができる．そしてその面白さはそれらが組成や位置など一定の条件を満足すると，それがきわめて微細な（ナノレベルの）特徴であるにもかかわらず，目に見える形でのマクロな性質として発現される点にある[1]．

　近年，工業材料に求められる機能は材料自体から発現されるものだけでは限界がきており，より高度な，あるいは複数の機能を併せ持つ材料への要求が高まっている．このような背景の中で，固体表面に，より高度な，あるいは異なった機能を付与する，表面機能の研究が活発になってきている．環境・エネルギー・資源などに関する諸問題が年々深刻になりつつあり，経済活動の持続的成長が困難になり始めている昨今，各種の表面技術は，バルク材料による技術的限界を打破するものとして多大な期待が寄せられている．また近年，固体表面の原子や分子を直接観察するナノスケールの科学と技術が大きく発展し，原子1個1個を観察したり制御したりすることができる段階に達している（図1.1）．さらには，微量分析技術や薄膜製造技術など周辺技術がバランスよく成熟した結果，現在，近代表面科学が開花しつつある．表面科学的視点は，今日の材料分野の学術研究において必要不可欠になっている．

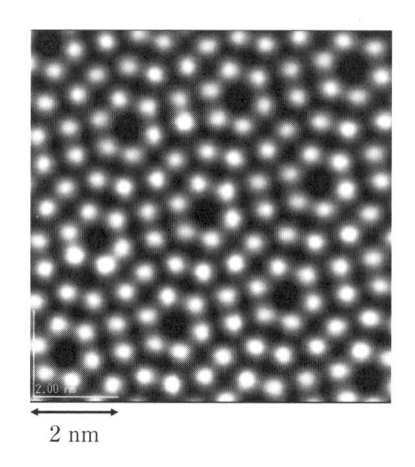

図1.1 走査型トンネル顕微鏡によるSi表面（7×7と呼ばれる）の原子像（日本電子(株)のご好意による）．

1.2 表面の濡れが生み出す世界

　表面が関与する機能には様々なものがあるが，なかでも液体に対する濡れ性の制御は，固体と液体がかかわる多くの物理的・化学的現象を有用な方向へ導くことができるため，我々の日常生活や産業界の様々なところで利用されている．濡れを制御するということは，表面の性質を変えて濡れない固体を濡れる固体にしたり，逆に濡れるものを濡れなくしたりすることである．

　傘やレインコートなどを防水加工した際，我々は加工の程度の良し悪しを，水滴のつきにくさを見て判断する．食器や各種の実験用ガラス器具がきれいに洗えているかどうかも，表面での水のはじき方が重要なポイントである．印刷技術では狭い領域に水（インク）をはじく部分と濡れやすい部分を意識的に形成することで画像を形成することができる．電子工業において各種基板の洗浄はきわめて重要な要素技術であり，技術革新が著しいが，その評価は濡れで行われることが多い．自動車や鉄道などの輸送機械ではフロントガラスやボディーの撥水処理により走行中での雨水の除去性能を向上させ，視認性の確保，車体の防錆に効果をあげている．液体への粉末の混合は濡れ性の有無でそ

図 1.2 高度な撥水性を示す植物（残念ながらこの植物の名前は分かりません）
（東京工業大学 鈴木俊介氏撮影）.

の作業効率や得られる固体液体混合体（スラリーと呼ぶ）の粘性挙動が変化する．軽量発泡コンクリートの耐炭酸化処理には微量の撥水材の添加が大きな効果をあげることが知られている[2,3]．各種化粧品の特性や食品産業の製品品質においても濡れが影響することが多い．表面の濡れが影響する工業分野はきわめて多岐に渡る．

　濡れ制御が効果的に利用されているのは我々の日常生活や産業だけではない．自然界においても濡れを利用した生命活動が数多くみられる．公園の池に浮いている蓮や，雨上がりの日の畑の里芋の葉の上では水が玉のようになってコロコロと転がっている（この状態を超撥水（superhydrophobic）と呼ぶ．**図1.2**）のも，アメンボが水の上を沈むことなくすいすい動けるのも，我々の目がドライアイになると痛むのも，すべて濡れが関与している．

　植物の葉の表面では油成分が常時分泌されている．蓮の葉の表面を電子顕微鏡で観察すると，幾重ものデコボコが重なった大変複雑な構造（フラクタル（fractal）構造と呼ぶ）が観察される（**図1.3**）．油と水はもともとなじみにくいが，葉の表面がこのような複雑な構造を持つ結果，水と葉の界面に空気が噛み込む現象が生まれる．その結果，葉と水が実質的に接触している面積はずっと小さくなり，水がコロコロと転がるようになるのである（表面の凹凸構造は植物の種類により異なり，葉が超撥水性を示さない植物もある．例えばツ

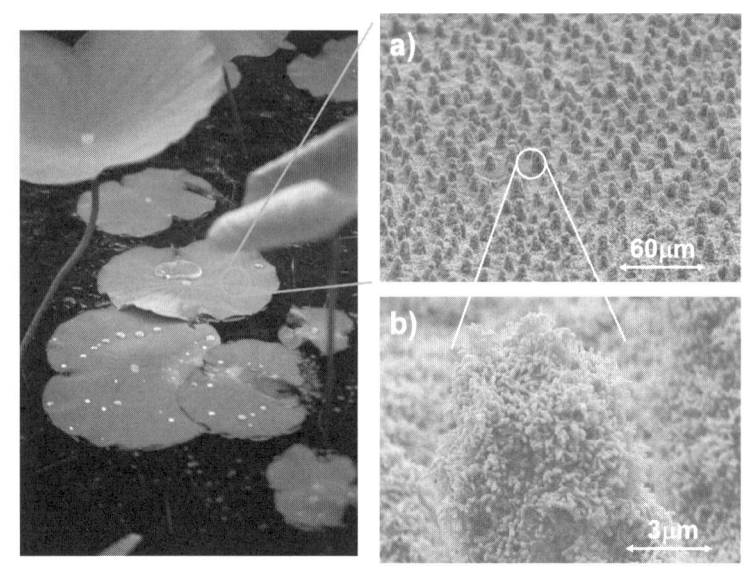

図 1.3 蓮の葉の電子顕微鏡写真．(a)低倍，(b)高倍．
大きさの異なる突起状の粗さが組み合わされているのが分かる（東京工業
大学 鈴木俊介氏撮影）．

バキの葉は表面の凹凸構造が少なく，超撥水性を示さない）．超撥水表面を水平に支持し，その上に水滴を置いて表面を傾けていくと，わずか数度傾斜させただけで水が滑落する．その際の水滴の加速度の測定結果から，超撥水上での水滴の転落は重力の寄与が大部分であり，滑落に対して表面からの抵抗はほとんどないことが実験的に確かめられている．つまり水滴は事実上ホバークラフトのように浮上している状態に近いと見なすことができる[4-6]．同様の構造はアメンボの足にも見ることができる．超撥水の固体-液体界面に形成される空気層は水中でも，ある程度の水深，水流下で保持することができ[7]，かつその際に水に対する造波抵抗が大幅に減少することが知られている[8-10]．この結果，アメンボは水に沈むことがないばかりでなく，水面をすいすいと俊敏に動き回ることができるのである．

一方，水が玉にならず，びっしょり濡れて広がってしまう状態のことを一般

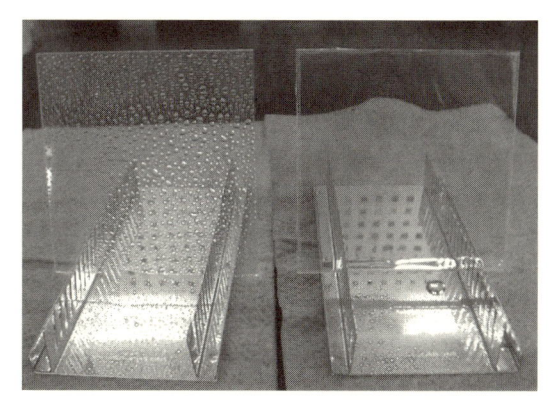

通常のガラス　　　　超親水ガラス

図 1.4　酸化チタンの超親水性を利用した防水滴ガラス．
超親水性ガラスでは水滴がつかないため視認性がよい．

に超親水（superhydrophilic）と呼ぶ．このような表面は界面活性剤やコロイダルシリカ，あるいは後述する酸化チタン光触媒を利用することで作製できる．この性質を利用すると，曇らない鏡やガラス（**図 1.4**），冷却効率の高い水冷装置，水がかかるだけで汚れを洗い流してしまうセルフクリーニング機能を有する部材などを作ることができる[4, 11]．また，人間の目は常に濡れた状態になっており，この水膜が消失することによる眼球への強い刺激が痛みをもたらす．それがドライアイである．

1.3　単純ではない表面の濡れのサイエンス

　濡れという現象は，端的に言えば固体表面に液体が付着しやすいか，しにくいか，ということであり，後述するように接触角という数値で一般に議論される．接触角は定義が単純で測定も容易であることから，濡れという現象の本質までもが単純であると誤解されることがある．濡れの状態は固体・気体・液体の3相が接する線（三重線（three phase line）という）上に形成される．3相が関与するという点だけでも，固体-気体界面だけで構成される単純な固体表

面よりも複雑であることが直感的に想像できるであろう．加えて後述するように，濡れにはエネルギーバランスで考えることができる静的な濡れと，時間の要素を加味しなければならない動的な濡れがあり，その本質はかなり複雑である．さらに固体表面の濡れは関与する要素が多岐に渡る上，表面物性は何か1つの条件が変化すると，それと連動して他の条件も変化することが多いため，理論面での厳密性を保ちながら実験で得られた現象を理解しようとすると，実際には困難な場合が多い．実用上の濡れ現象はほとんどがミリメートルレベルの大きさの液滴の，数センチメートル以上の大きさの固体表面での状態や挙動を対象としている上，後述するように濡れという現象に関与する固体表面の個々の要素（粗さや組成など）の程度が状況により異なるため，かつては思い切った前提を置いて考察することがしばしば行われた．これらすべてが学術的な厳密性をまったく欠いているわけではなく，このような前提は表面の要素が極端に変化したもの同士での，主に静的な濡れの違いを比較する際には一定の成果が得られた．

しかしながら，このような前提は時に事実の認識を誤らせる場合がある．近年のナノテクノロジーや分光学の発展により，固体表面での粗さや組成の均質性，またその上での液滴の状態は詳細に調べることが可能となってきている．その結果，マクロな現象である固体の表面での濡れ性において，ナノレベルでの組成の均質性や表面粗さ（surface roughness）が保障されていないと試料間の比較ができないことが明らかになりつつある．読者はこのことを本書の中で徐々に理解していくことであろう．

このような固体表面の濡れに関する性質は物理と化学にまたがる境界領域であり，古くから表面物理，コロイド界面化学，流体力学などの基礎科学分野で取り扱われてきた．また工学においてはトライボロジーとして化学工学や機械工学で潤滑が重要な学問分野になっている．さらに濡れを制御する観点では接着や表面処理，薄膜コーティングなどの科学や工学が関与する．しかしながら濡れ制御を1つの技術分野として総合的に捉え，固体-液体間相互作用や，その流動ダイナミックスを考慮して材料科学の立場から解説したものはほとんどない．本書は材料科学の初学者のために固体表面の濡れとその制御に関する科

学と工学について記述した.固体表面の界面科学的諸問題を中心に記述したので,直接的な関与が薄い消泡,乳化,ゲル,ベシクルなどの技術や概念についての内容は割愛した.これらについては当該分野の専門書を参照して頂きたい[12-14].

第1章 参考文献

（1） 大西洋；神奈川科学技術アカデミー編，"極限表面反応"，プロジェクト研究概要集，pp.1-39（2004）
（2） ドゥジェンヌ，ブロシャール・ビィアール，ケレ；奥村剛訳，"表面張力の物理学-しずく，あわ，みずたま，さざなみの世界-"吉岡書店，pp.1-31（2003）
（3） 松下文明，学位論文"Carbonation of Autoclaved Aerated Concrete and Its Control"東京工業大学大学院 材料工学専攻（2004年10月）
（4） 技術情報協会編，"超親水・超撥水化技術"，pp.3-67（2000）
（5） 中島章，橋本和仁，渡部俊也，セラミックス，**37**, 148（2002）
（6） 中島章，未来材料，**4**, 42（2004）
（7） A. Marmer, *Langmuir*, **22**, 1400（2006）
（8） K. Watanabe, Y. Udagawa and H. Udagawa, *J. Fluid. Mech.*, **381**, 225（1999）
（9） K. Fukuda, J. Tokunaga, T. Nobunaga, T. Nakatani, T. Iwasaki and Y. Kunitake, *J. Soc. Naval Architects Jpn.*, **186**, 73（1999）
（10） 金子和史，長谷川雅人，松本壮平，尾崎浩一，成合英樹，牧博司，矢部彰，日本機械学会論文集B, **66**, 1085（2000）
（11） 中島章，金属，**75**, 24（2005）
（12） 北原文雄，古澤邦夫，"分散・乳化系の化学"，工学図書（1986）
（13） 作花済夫，"ゾルゲル法の科学"，アグネ承風社（1988）
（14） P. C. Hiemenz, "Principles of Colloid and Surface Chemistry", Marcel Dekker, New York and Basel（1986）

2
固体表面の物理化学的特性

2.1 固体表面の一般的性状
2.1.1 構造の不完全性と緩和[1,2]

　固体物質は原子やイオンが3次元的に規則正しく配列した構造を持つ結晶性物質と，それらの配列が乱れた状態の非晶質物質に大別できる．無機系の素材の多くは結晶質であるが，過冷却融体と考えられるガラスは非晶質物質である．また有機系素材では無機系の物質のような厳密さが少なくなり，分子が規則的に配列した結晶部分と配列が乱れた非晶質物質の両方が共存するものが一般的である．

　結晶質固体内には，点空孔，格子間原子，転位など様々な欠陥が存在する．特にイオン結晶では，陽イオンと陰イオンが同時に欠損するショットキー（Schottky）欠陥や，陽イオンが本来の格子位置からずれて格子間に移動するフレンケル（Frenkel）欠陥（陽イオンが陰イオンより小さい場合に起きやすい）が生じる（**図2.1**）．また不純物は格子間，あるいは格子を置換する形で欠陥を形成する．酸化チタンや酸化亜鉛，酸化ニッケルなどは様々な不定比化合物を形成し，これらの物質は構造中には数多くの欠陥が存在している．これらの欠陥は一般に点欠陥と呼ばれている．結晶の成長機構や構造によっては各種の転位を伴うこともある．転位は線状の欠陥である．

　結晶質固体表面はこれらの欠陥の集合のような状態である．固体内の原子は周囲を他の原子またはイオンに囲まれているが，表面にある原子は周囲の原子またはイオンの少なくとも一部が欠損した形になっている．表面の原子は内部に存在する原子に比べて近接する原子やイオンからの引力や斥力の受け方が一様ではないため，内部に存在する原子とはかなり異なる構造になっているのが

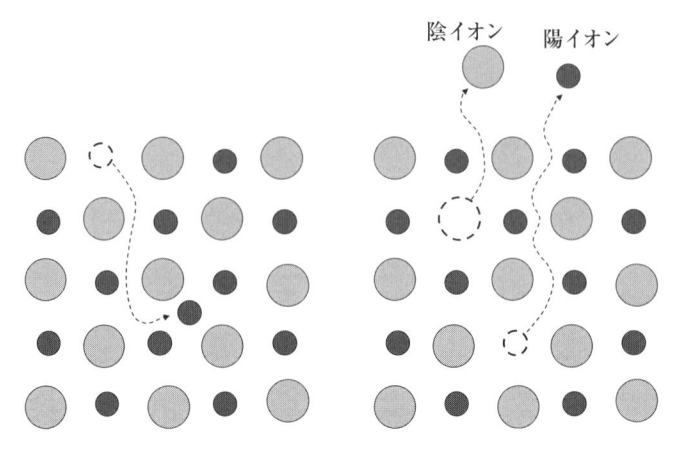

図 2.1 Frenkel 欠陥(左)と Schottky 欠陥(右)[2].

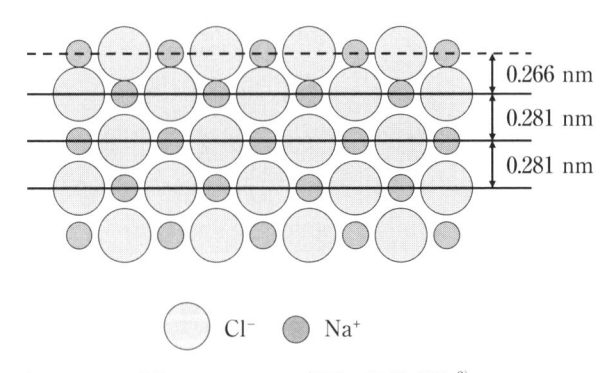

図 2.2 NaCl の表面の原子変位[2].

一般的である．例えば NaCl 結晶の(100)面では，ナトリウムイオンが正規の格子位置よりも内側に引き付けられることが知られている（**図 2.2**）．これは結晶内部のナトリウムイオンが周囲の 6 個の塩素イオンから引力を受けているのに対し，最表面に位置するナトリウムイオンは同一平面内の 4 つの塩素イオンと下に位置する 1 つの塩素イオンからしか引力を受けないためである．この

ため表面原子が感じるポテンシャルがバルク内原子と異なり，表面に平行な原子面間隔がバルクの結晶面間隔と比べて変化する．このような現象を表面緩和（surface relaxation）または表面再構成（surface reconstruction）と呼ぶ．このような構造はイオン性結晶にだけみられるものではなく，シリコンやゲルマニウムなどの正四面体のダイヤモンド構造の結晶でも結合軸がわずかに曲がって同様の構造になることが知られている．

2.1.2 表面の粗さ[1,2]

固体表面には様々な大きさで粗さが存在する．結晶性物質ではその核生成から成長の過程において表面にステップやキンクといった，原子サイズの1～10倍程度の構造上の段差を持つことがある．表面独自の凹凸に加え，機械加工やエッチング，腐食などの外的要因でも表面には粗さが導入される．前述したステップやキンクのような数nm程度の微細なものから研削加工やエッチングなどの後処理により導入されるμm以上の粗さまで，その大きさは様々である．中でも研磨加工では加工の程度により表面近傍の結晶が微細化，もしくは非晶質化することがあり，またその効果が表面からμmオーダーまで及ぶことがある．これらの要因から化学的に純粋で分子的な平滑さを持った均質な固体表面を作製することは，一般にきわめて困難である．

エネルギー的には，凸部の方が周囲に固体部の隣接分子の数が少ないため安定性が低く，凹部の方が凸部に比べると安定性が高い．加工の方法や材料の性質によっては，凹凸の現れ方が特定の結晶面や組成の選択的な表面への露出につながることがあり，そのことで表面物性に変化が生じることがある．

固体表面の粗さは，一般に，日本工業規格(JIS)の算術表面粗さ（Raと呼ばれる．以下本書ではRaと略す）で記述されることが多い．Raを求めるには，まず，横軸(x軸)に距離，縦軸(y軸)に高さ方向の変異をプロットすることにより，表面の粗さを示す曲線(粗さ曲線)を作成する．粗さ曲線の平均線の方向に基準長さlだけ抜き取り，この抜き取り部分の平均線から測定曲線までの偏差$f(x)$の絶対値を合計して平均した値[3]がRaであり，以下の式で表記される（**図2.3**）.

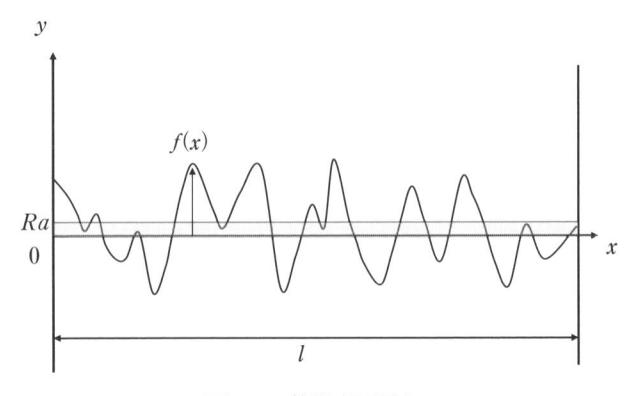

図 2.3 算術表面粗さ.

$$Ra = \frac{1}{l}\int_0^l \left|f(x)\right|dx$$

表面粗さは,後に述べるように固体表面の濡れ性を変化させるだけでなく,接着に対しても固体-液体の接触面積を大きくすることから,その強度に大きな影響を与える.また固体が粒子や繊維である場合,これらが微細化するに従い,固体の表面積が大幅に増加し,不安定な表面の分子,原子,イオンの比率が固体内部に比べて高くなるため,融点の低下や各種化学活性の増加がみられるようになる.

2.1.3 吸　着[1,2,4)]

前記のように固体表面は内部に比べて不安定な状態にあるため,周囲の気体や液体を吸着して,より安定化しようとする.この現象が吸着であり,触媒活性など,表面反応の発現において重要な特性である.これは表面に吸着することで分子が濃縮され,分子間の衝突頻度が高くなることや,化学反応の場に分子が効果的に供給されることにより,各種の化学反応が促進されることに起因する.

吸着には主にファン・デル・ワールス（van der Waals）結合による物理吸着と,それより強い化学結合力による化学吸着がある.化学吸着が形成される場合は固体表面に単分子層で形成され,その上に多分子層の形で物理吸着層が

形成されることが多い（**図 2.4**）．吸着熱は化学吸着の場合で一般に 10〜150 kcal/mol 程度，物理吸着では数〜10 kcal/mol 程度であり，化学吸着の方が高い．吸着の結合力は吸着種と固体との相互作用により決まり，あらかじめ吸着している化学種より，固体との結合力がより強い化学種が系に共存した場合，吸着種の交換が起こることがある．

化学吸着の吸着等温線は，ラングミュア（Langmuir）の吸着等温式により表すことができる場合が多い．ある一定温度において，固体 A の表面に気相中の分子 B が Langmuir の吸着等温式に従って吸着する過程では，分子 B の気相中の圧力を P，吸着速度定数を k_a，脱離速度定数を k_d，固体 A の表面の吸着点の総数を N，固体 A の表面の吸着点での吸着した分子 B による被覆率を θ とするとき，分子 B の吸着量が固体 A の表面での吸着可能な吸着点数と，気相中の分子 B の圧力に比例するとした場合，分子 B の見かけの吸着速度 r は以下のように記述することができる．

$$r = k_a P N (1-\theta) - k_d N \theta \tag{2.1}$$

吸着平衡における固体 A の表面の分子 B による表面被覆率と分子 B の圧力との関係は $r=0$ として求めることができる．

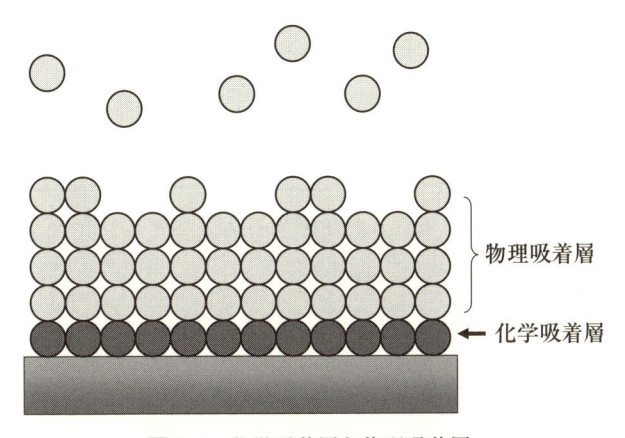

図 2.4 化学吸着層と物理吸着層．

$$k_\mathrm{d} N\theta = k_\mathrm{a} PN(1-\theta) \tag{2.2}$$

吸着平衡定数 $K(=k_\mathrm{a}/k_\mathrm{d})$ を用いて θ を記述すると,以下のような Langmuir の吸着等温式が得られる.

$$\theta = \frac{KP}{1+KP} \tag{2.3}$$

ここで,θ は吸着したサイトの割合,K は吸着平衡定数,P は圧力である.

この式は
- 吸着形態は一定で,吸着時に分子の会合や解離などは起こらない.
- 分子の吸着は単分子層を超えて進行しない.
- 固体の吸着点はすべて等価で表面は一様である.
- 分子が吸着点に吸着する能力は隣接の吸着点に分子が占められているかどうかに無関係である.

といったことが前提になる.分子 B の固体表面での平衡吸着量を y,単分子飽和吸着量($\theta=1$ となる吸着量)を Y とすると,$y/Y=\theta$ であるから,$y/Y=KP/(1+KP)$ となり,$y=YKP/(1+KP)$ となる.この式の両辺の逆数を取り,測定圧力 P をかけると $P/y=P/Y+\{1/(YK)\}$ という関係が得られる.したがって,(圧力/実測吸着量)を縦軸に,圧力を横軸にプロットすると直線関係が得られることになり,実際に観察される吸着が Langmuir 吸着に従うかどうかはこのプロットから判断するのが一般的である.この際,この直線の傾きが単分子飽和吸着量の逆数であり,切片が単分子飽和吸着量と吸着平衡定数の積の逆数となる.

Langmuir 吸着の前提は,実際には吸着のすべての過程で成立するものではない.このため実際の吸着過程を説明するため,テムキン(Temkin)の吸着等温式($\theta=c_1 \ln(c_2 P)$,c_1, c_2 は定数)や,フロイントリッヒ(Freundlich)の吸着等温式($\theta=c_1 P^{(1/c_2)}$,c_1, c_2 は定数)など,別の形の様々な吸着等温式が提案されている.

化学吸着の温度依存性は単純ではなく,温度により極大,極小を示すことがあるが,物理吸着では一般に温度の上昇とともに吸着量は減少していく.白金

などの貴金属を除く大部分の金属は表面が酸化物層に覆われている．金属酸化物表面では一般に水分子の化学吸着層が形成され，その上に水の物理吸着層がある．水分子の物理吸着層は常温でも減圧環境では容易に脱離することが多いが，化学吸着層は強固で，加熱などを伴わないと通常は減圧しても容易には脱離しない．

酸化チタン系の触媒では表面をフッ素処理すると反応活性が高められることが知られている．これはフッ素の強い電子吸引性によりルイス（Lewis）酸性[*1]が向上することで（**図2.5**），芳香族系の化合物など電子密度の高い反応物質の吸着を促進できるためである[5-7]．また異なる物質を部分被覆することで水中での固体表面の電位を変化させ，被反応物の表面への吸着を促進することもある[8]．吸着の駆動力は各種の分子間力が作用するが，静電気的相互作用など，強い相互作用による吸着は一般に強固である．

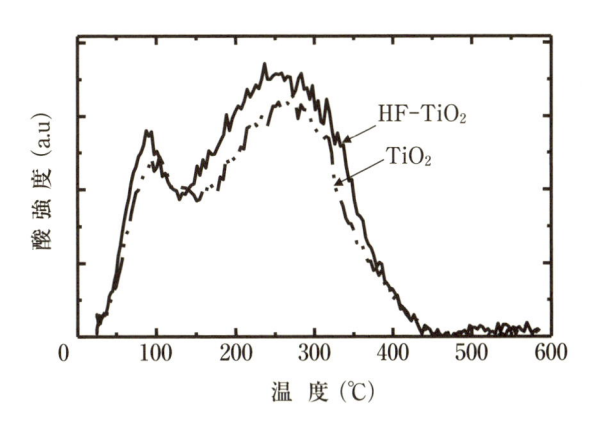

図2.5 酸化チタン粉末をフッ酸処理した際のアンモニアガスの昇温脱離スペクトルの変化[7]．
フッ酸処理により固体酸性度が向上し，アンモニアガスが多く吸着している．縦軸のa.uは任意スケールを表す．

[*1] 1923年にLewisが提出した電子授受に基づく酸・塩基の理論．電子対を与えて化学結合を形成するもの（電子供与体）が塩基で，電子対を受け取る相手（電子受容体）が酸である．

2.2 各種固体表面
2.2.1 無機材料[1,2]

　金属酸化物の多くはイオン結合性の割合が大きく，構成イオンがクーロン（Coulomb）力により集合したイオン結晶である．Coulomb 力は等方的に働くため結合に方向性を持たず，イオン半径が異なる異種イオン間の引力，斥力のバランスで結晶が構成される．イオン結晶では結晶面により同種のイオンしか現れない面（例えば NaCl 構造の(111)面）や，面内で中性を維持できる面（同(100)面）があり，前者は極性分子を吸着するなどして安定化しないと表面に現れにくい．また NaCl 構造の(100)面と(110)面では後者の方がイオンの表面密度が少ないため安定性に乏しい（**図 2.6**）．このように面方位により安定性が異なるのがイオン結晶の1つの特徴である．安定性の違いは表面への出現確率の違いとして現れるばかりでなく，摩擦力，ステップ形状や吸着水量にも差が出ることがある．

　金属酸化物の表面は通常陽イオンより大きい酸素原子で覆われており，大気中ではその表面で解離した水分子のプロトン(H^+)が表面酸素と結合して水酸基を形成するとともに解離した OH^- は金属に配位している（**図 2.7**）．した

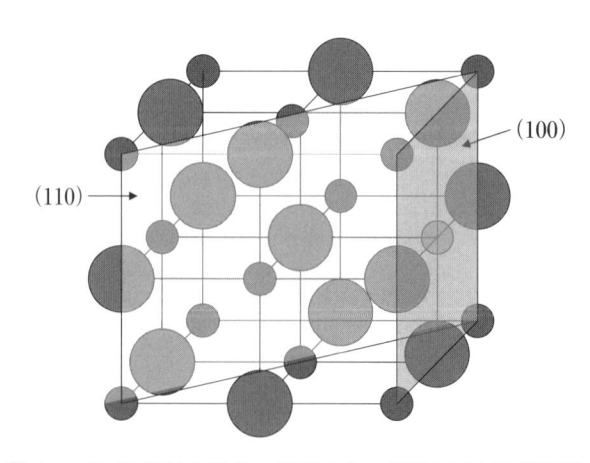

図 2.6 NaCl 結晶の構造と表面イオン密度の面方位依存性．

がって一般の金属酸化物表面は水酸基に覆われており，その上に数分子以上の物理吸着水が存在している．金属酸化物のこれらの水酸基は水中では解離してpHにより酸または塩基として作用する（図2.10参照）．

　金属酸化物に比べ炭化物，窒化物，硫化物などは共有結合性の割合が大きく，酸化物に比べ疎水性（水に濡れにくい性質）を示すようになる．ただしSiCやSi_3N_4などでは最表面はこれらが分解して形成したSiO_2である場合が多く，親水性（水に濡れやすい性質）を示すことがある．今日のエレクトロニクス社会を支える半導体材料であるシリコンは，ダイヤモンド型の共有結合結晶であるが，この表面ではダングリングボンド（未結合手）を減らすことによるエネルギーの減少と，結晶構造が歪むことによる歪エネルギーの増加のバランスで多種多様な緩和構造が得られることが知られている（図1.1参照）．

　金属は内部を自由に動き回る自由電子によってその性質が特徴付けられる．大気中では多くの金属の表面が酸化状態になっており，酸化物表面と同様の性質を示すことが多い．金属表面における構造の緩和は一般に高真空中で評価され，金属の種類や面指数により異なるが，多くのもので表面緩和は最上層の面間隔を小さくする方向に起こる．原子配列が緻密な面では緩和が小さく，逆に原子配列が疎な面では緩和が大きい．例えば面心立方格子では(111)面では1％程度であるが(110)面では数％以上になるものがある[9]．

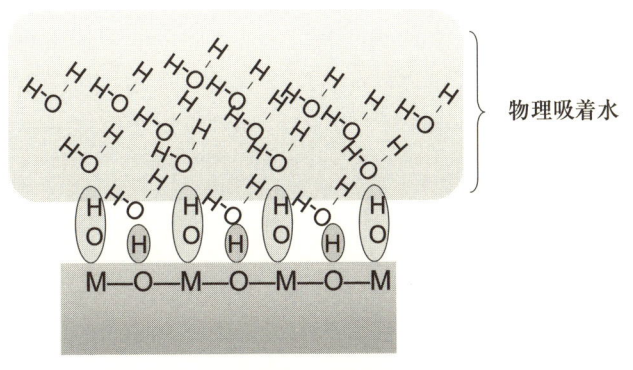

図 2.7　金属酸化物の表面状態の模式図．

非晶質物質であるガラスは主にイオン結合で形成されているが，結晶でないため物性の方向性はない．酸化物ガラスはシリコンやホウ素などのイオンと酸素が網目状骨格を形成し，ナトリウムやカルシウムなどの修飾イオンが網目を切った酸素と静電気的に結合した周期性の乏しい構造である．一般に広く利用されるソーダ石灰ガラスの表面の化学組成は必ずしも一様ではなく，最表面では修飾イオンが濃縮されており，表面から10 nm程度まで中に入ったところでは逆にシリカの濃度が高いことが多い．加えて，今日，板ガラスはフロート法と呼ばれる，溶融した錫の上にガラス成分の溶融体を流して冷却する方法で作製される．この場合，錫との接触面と非接触面とでは組成や構造に違いを生じることが多い．水分はガラスのシロキサン結合[*2]を切断して表面にシラノール（Si-OH）を形成するため，一般にガラスの表面には多数のシラノールが存在している．ガラス表面でのシラノールの形成は非常に速く，超高真空中で超高純度シリカガラスを破断しても，系内に存在するほんのわずかな水分で表面のダングリングボンドに直ちに形成され，その量は1〜4個/nm^{2}程度と報告されている[10,11]．また一般の非晶質シリカではシラノール密度は5個/nm^{2}程度の値が報告されている[12]．

2.2.2　有機材料[2]

高分子物質（以下本書では単にポリマーと記述する）の結晶性は，主鎖，側鎖の構造とその比率に大きく依存する．また吸着コンフォメーション（形態）や側鎖の配向などにより，無機系素材に比べて表面近傍の性質は内部に比べていっそう異なることが多い．とりわけフッ素を含む側鎖は表面近傍に高濃度で配向することが知られている．ポリマーは一般に単独で用いられることが少なく，可塑剤や成形時に添加した低分子物質が混合されているが，これらの多くは界面活性を有する物質であり，徐々に表面に析出してくるため，経時的な表面特性の変化が現れる（この現象を可塑剤のブリードアウト（breed out）と呼ぶことがある）．屋外にある少し古くなった白いポリマー製品（例えば運動

[*2] ≡Si-O-Si≡で表される部位をシロキサン基と呼ぶ．

会などで使うテントのホロなど）が薄汚れてくるのは，ブリードアウトしてきた低分子物質に砂塵などが付着するためである．

ゴム，樹脂，プラスチック，繊維，フィルムなどの有機高分子素材は共有結合からなる巨大分子の集合体であり，分子構造，結晶性，分子間力などで各種の性質が大きく変化する．線状で側鎖が少なく，分子内の配列が規則的であるものほど結晶化度が高い．例えばセルロースでできている木綿は結晶化度が70％以上であるが，ポリメチルメタクリレートやフェノール樹脂では10％程度である．これらの分子の構造を図2.8に示す．

希薄溶液中でのポリマーは構造のセグメントのなかで固体表面に対して親和性の高い部分が投錨部分となって吸着し，逆に親和性が乏しい部分が溶媒側に伸びるループ・トレイン・テール構造を形成する（図2.9）．その結果，固体表面と親和性が低い部分が表面に濃縮される．この性質は希薄溶液中での特性であり，濃厚溶液中では全セグメントが平均化された性質が現れる．このように自発的に構造が固定されていく過程を自己組織化（self-organization）とい

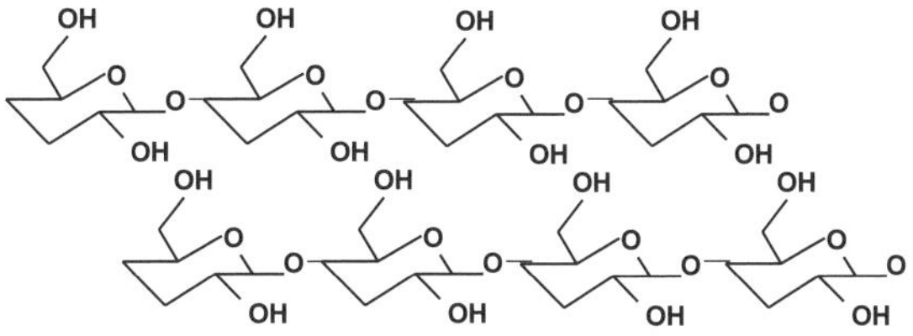

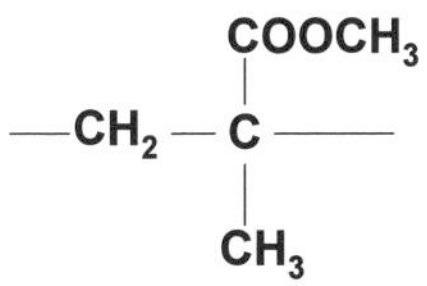

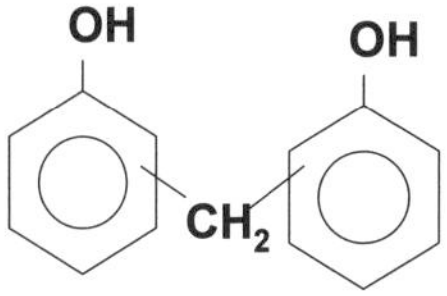

図 2.8 高分子の構造．(a) 木綿（セルロース），(b) メタクリル酸メチル，(c) フェノール樹脂プレポリマー．
セルロースは水酸基同士の水素結合で高い結晶性を示す．他のポリマーは，枝分かれした構造である上，疎水性のアルキル基を含むため結晶化しづらい．

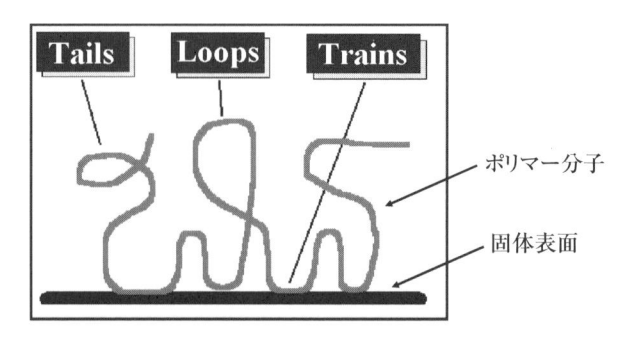

図 2.9 ループ・トレイン・テール構造による高分子の吸着.

う．高分子の希薄溶液中での自己組織化は表面機能コーティングの手法として重要である．

2.3 分 散 系

2.3.1 電気二重層[2,13,14]

　水中に分散した微粒子は表面に存在する解離基の電離，または水中に存在する電解質を吸着することなどにより水との界面に電位差を生じ，表面に電気二重層が形成される．この電位のうち界面動電現象に有効に作用する電位を一般にζ(ゼータ)電位と呼ぶ．ζ電位が大きいほど界面の水和層が大きく，分散系での粒子の分散状態が向上する．

　金属酸化物や水酸化物では表面の末端水酸基に対してH^+やOH^-が図 2.10のように電位決定イオンとして作用し，pHにより変化する．この電荷がゼロのpHのことを等電点（isoelectric point）と呼ぶ．様々な物質の等電点の値を表 2.1に示す．液のpHが等電点より酸性になるほど表面の正電荷が上昇し，逆に等電点より塩基性になるほど表面の負電荷が増加する．粒子が水中で表面電位だけで良分散状態を得るためには，ζ電位の絶対値が数十mV程度必要である．等電点の値は酸化物の種類で異なり，同じ物質でも結晶系や生成条件により変化する．

2.3 分散系

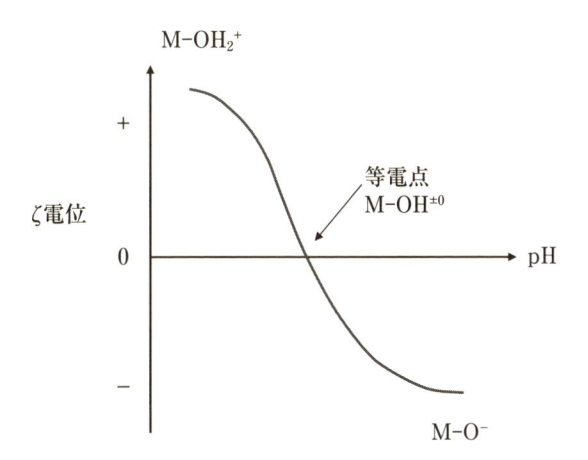

図 2.10 金属酸化物や水酸化物の表面の末端水酸基の pH による変化と ζ 電位との関係.

表 2.1 各種固体表面の等電点[2].

物質	等電点	物質	等電点
MgO	12.1-12.7	SnO_2	7.3
$Mg(OH)_2$	12.4	$\gamma\text{-}Fe_2O_3$	6.5-6.9
Ag_2O	11.4	Fe_3O_4	6.3-6.7
La_2O_3	10.5	TiO_2(anatase)	6.2
BeO	10.2	$Al(OH)_3$(gibbsite)	5.0-5.2
Y_2O_3	9.3	TiO_2(rutile)	4.7
ZnO	9.3	ZrO_2	4
$\alpha\text{-}Al_2O_3$	9.1-9.5	SiO_2	3.0-3.5
$\gamma\text{-}Al_2O_3$	7.4-8.6	石英	1.3-2.0

図 2.11 に分散しているコロイド粒子の表面に形成されている電気二重層の模式図を示す．液中で粒子が電荷を持つとき（図 2.11 では負電荷），その反対符号の電荷を持つイオン（対イオンと呼ばれる．図 2.11 では正電荷）が表面に強く引き付けられる．ただし液中ではイオンは移動が可能であるため，その濃度を一様にしようとする傾向がある（エントロピー増大の原理）．その結果，固体表面に比較的強く引き付けられた薄い電荷層の外側に対イオンが液中に拡散的に分布し，電気二重層を形成する．この固体表面に強固に引き付けられた

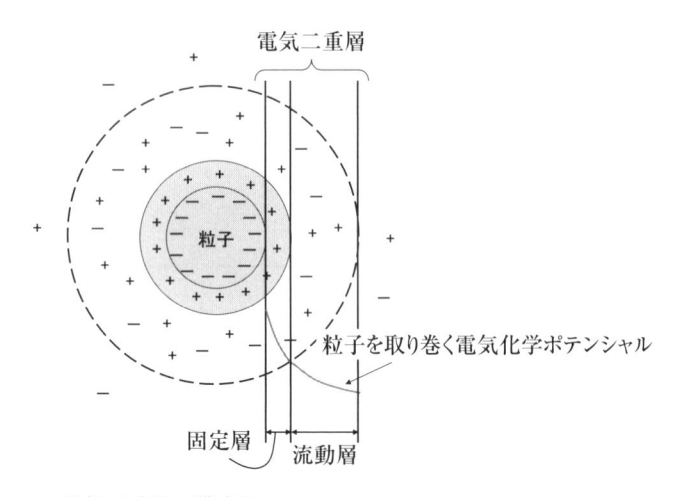

図 2.11 電気二重層の模式図.
固定層の厚さはきわめて薄い（<1 nm）ので，この図では分かりやすくするため厚さは誇張してある.

層を固定層（ステルン層：stern layer），その外側の拡散的な層を流動層と呼ぶ．コロイド粒子が外部電場などで泳動する場合，移動する界面はこの固定層と流動層の界面になる．すなわち，液体と固体との間に相対運動が起こるとき，固定層は固体とともに動き，その動きを支配するのは，固定相と液体内部の電位差（固体表面から無限遠のバルク液体の電位をゼロとする）である．この電位差がζ電位にほかならない．なお一般に固定層の厚さは液体数分子であり，せいぜい数 0.1～1 nm 程度である．

粒子の表面電荷密度をσ_0とすると，図2.11のように流動層の電荷面密度σはσ_0から固定層内の電荷面密度σ_δを引いたものであるので，以下のように表される．

$$\sigma = \sigma_0 - \sigma_\delta \tag{2.4}$$

粒子の表面電位をϕ_0，固定層内の電位をϕ_δとし，固定層の厚さをδとすると

$$\sigma_0 = \frac{\varepsilon(\phi_0 - \phi_\delta)}{4\pi\delta} \tag{2.5}$$

となる．ここで ε は分散溶媒の誘電率である．また ϕ_δ が小さいとき，流動層の電荷密度 σ は以下のように近似される（参考文献(13), pp. 83-84 参照）．

$$\sigma = \frac{\varepsilon\kappa}{4\pi}\phi_\delta \tag{2.6}$$

κ をデバイ-ヒュッケル（Debye-Hückel）変数と呼ぶ．κ^{-1} はデバイ長と呼ばれ，電気二重層の厚さに相当する．κ は以下の式で表される（参考文献(14), p. 301 参照）．

$$\kappa = \sqrt{\frac{8\pi e^2 \sum_i N_i z_i^2}{\varepsilon kT}} \tag{2.7}$$

ここで，k は Boltzmann 定数，T は絶対温度，N_i は溶液の単位容積中に存在する i イオンの数，z_i は原子価である．式から分かるように κ の値は N_i や z_i の上昇に伴い大きくなる．このことは分散しているコロイドにおいて，価数の大きなイオンが入ったり，イオン濃度が上がったりすると電気二重層の厚さが薄くなり，凝集が生じることを示している．この際の凝集はシュルツ-ハーディ（Schultz-Hardy）則（一定時間内に疎水性コロイドに1価，2価，3価のイオンを添加して凝結を起こすとき，必要な最低濃度を c_1, c_2, c_3 とするとおおむね $1/c_1 : 1/c_2 : 1/c_3 = 1 : x : x^2$ となり x は 20 から 80 程度となる）として知られている．

　有機溶媒中では溶媒の誘電率が小さいので電解質の解離度が小さく，表面 OH 基や溶媒の解離により生じるプロトンが電荷形成に寄与する．この際の電荷の符号は，固体表面の酸または塩基の性質の強さに依存し，固体が酸としての性質が強い場合はプロトン(H^+)を供与して負に，また塩基としての性質が強い場合はその逆で正に帯電する．また系外から導入される水分は，固体表面に優先的に吸着し電荷を付与する．これらの吸着水は，一般に固体表面の有機溶剤に対する濡れを悪くするため凝集を招くことがあるが，プロトンドナーとなって電荷形成にも寄与している．このため，非水系溶媒では溶媒中の水分管

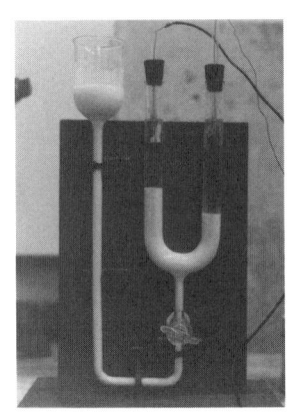

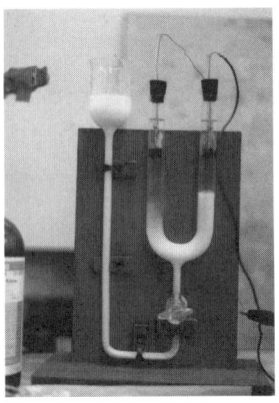

図 2.12 水分添加による鉛系酸化物粉末の表面電荷の逆転.
左が純粋なメチルイソブチルケトン中での，右が水を飽和濃度溶解したメチルイソブチルケトン中での電気泳動．左側が正極．水の飽和により泳動する極が反転している．

理は重要である．分散系内の水分が多いと表面電荷の符号が逆転する場合もある（図 2.12）．

2.3.2　DLVO 理論[2,13,14]

先に述べたように，液中のコロイド粒子には引力と斥力が作用している．これについて詳細に検討したのが，旧ソ連の Derjaguin と Landau とオランダの Verway と Overbeek であり，彼らの頭文字をとってこの理論を DLVO 理論と呼んでいる．

同一の二粒子間に作用する全ポテンシャルエネルギーを V とし，電気的斥力のポテンシャルエネルギーを V_R，van der Waals 引力のポテンシャルエネルギーを V_A とすると以下の式が成立する．

$$V = V_R + V_A \tag{2.8}$$

V_R は，主として電気二重層の重なり合いで生じるもので，半径 a（ただし

$a\cdot\kappa \gg 1$) の球状粒子が水系に分散している場合，以下の式で表される．

$$V_R = \frac{\varepsilon a \phi_\delta^2 \ln(1+e^{-\kappa H})}{2} \tag{2.9}$$

ここで H は粒子間の距離である．この式は，電解質が加えられて ϕ_δ が低下したり κ が大きくなったりすると，V_R が減少して凝集を招くことを意味している．$a\cdot\kappa < 1$ の場合は V_R は以下のように記述される（参考文献(13)，p.108 参照）．

$$V_R = \frac{\varepsilon a^2 \phi_\delta^2}{2a+H} e^{-\kappa H} \tag{2.10}$$

一方，van der Waals 引力のポテンシャルエネルギー V_A は H/a が充分小さく，球状粒子では以下のように近似される（参考文献(14)，p.54 参照）．

$$V_A = \frac{-Aa}{12H} \tag{2.11}$$

ここで A はハマカー定数（Hamaker constant）と呼ばれ，10^{-19} J 程度の値である．また

$$A = A_{11} + A_{22} - 2A_{12} \tag{2.12}$$

と表すことができる．ここで A_{11}, A_{22}, A_{12} はそれぞれ粒子間，液体分子間，粒子と液体分子間での Hamaker 定数である．V_A が小さければ安定した分散状態が得やすいので，そのためには A が小さいことが必要である．A_{12} が大きいということは粒子と溶媒との相互作用が大きいということであり，A が小さくなり良分散状態となりやすい．したがって全ポテンシャルエネルギーは以下のように記述することができる．$a\cdot\kappa \gg 1$ の系では

$$V = \frac{\varepsilon a \phi_\delta^2 \ln(1+e^{-\kappa H})}{2} - \frac{Aa}{12H} \tag{2.13}$$

一方，$a\cdot\kappa < 1$ の系では

$$V = \frac{\varepsilon a^2 \phi_\delta^2}{2a+H} e^{-\kappa H} - \frac{Aa}{12H} \tag{2.14}$$

図 2.13 に全粒子間ポテンシャルエネルギーの変化を示す．κ が小さいとき

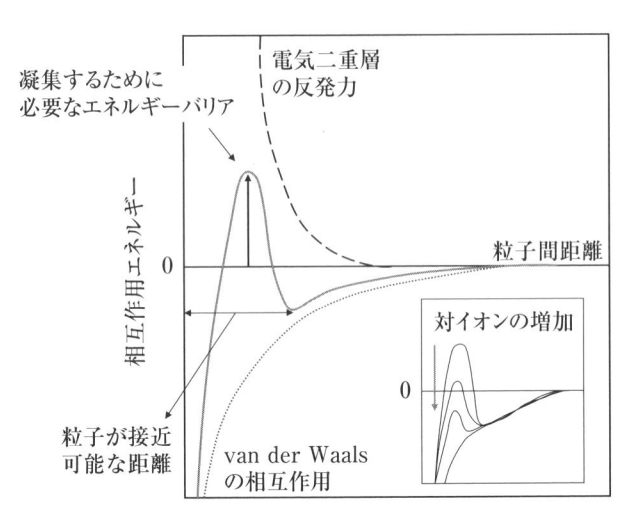

図 2.13 全粒子間ポテンシャルエネルギーの変化.

は粒子間に高いポテンシャル障壁があるため凝集が回避されて良分散状態となるが，ポテンシャルエネルギーの極大値が $15\,kT$ 程度以下（T はコロイド溶液の温度，kT はコロイド粒子の熱エネルギーの目安を与える）になると，ブラウン運動によってもこの障壁を越えうるため凝集が生じる．したがって分散が得られている状態では系全体の温度をむやみに上げてはならない．分散をよくするには表面の電位を大きくし，Hamaker 定数を小さくすることが重要である．

2.3.3 分散に及ぼす表面吸着層の効果[2.15]

分散コロイドの安定性を高めるもう1つの方法に，界面活性剤や高分子を添加して表面吸着層を形成する方法がある．分散系への高分子の添加は，粒子間架橋を形成して凝集を促進する場合と，保護コロイド的に分散を促進する場合とがある．吸着層を形成する物質が溶媒との親和性が低い場合は吸着層同士が絡み合い（高分子の官能基間相互作用が大きい），$\Delta H<0$（凝集後のエンタルピーから凝集前のエンタルピーを引いたもの．H は 2.3.2 項の粒子間の距離

と混同しないこと）となる上，いわゆる乱雑さが減少するのでエントロピーが減少する（$\Delta S<0$）．系全体の自由エネルギーは$\Delta G=\Delta H-T\Delta S$と記述できるが，微粒子にとっては安定なのは凝集状態であり，分散はあくまでエネルギーのバランスの上に成り立った状態で，$\Delta G>0$でなければ形成されない．ΔH，ΔSのいずれもが負であることに注意すると，$|\Delta H|<|T\Delta S|$のときは$\Delta G>0$となり，吸着層は分散作用を示す．一方，$|\Delta H|>|T\Delta S|$のときは$\Delta G<0$となり，吸着層は凝集作用を示す．吸着層形成物質の溶媒との親和性が微粒子に比べて優れる場合，$\Delta H>0$となる．したがってこの場合，$\Delta S<0$の場合は$\Delta G>0$となり吸着層は分散作用を示す．

柔軟な高分子でコロイド粒子の表面を覆われた場合，図 **2.14** に示すように吸着層が重なると界面に溶媒が入ってきて濡らそうとする作用（混合効果：mixing effect）が働き，さらに吸着層が重なると弾性的な反発効果（体積制限効果：volume restriction effect）が作用し，コロイドの凝集を阻害する．

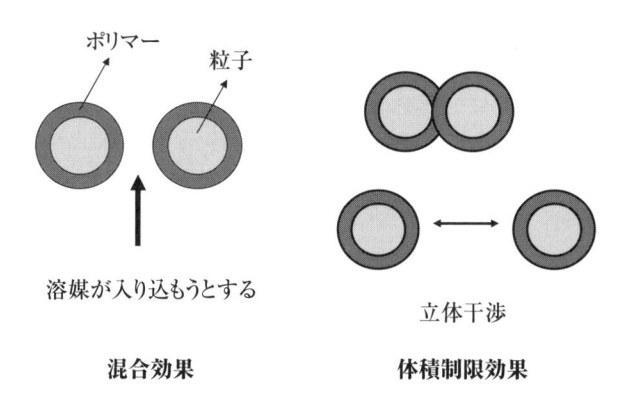

図 **2.14** 表面吸着層による安定化のモデル図．

第2章 参考文献

（1） 渡辺信淳，渡辺昌，玉井康勝，"表面および界面"，共立出版，pp. 72-81, pp. 101-121（1988）
（2） 目黒謙二郎監修，"コロイド化学の進歩と実際"，日光ケミカルズ，pp. 179-221, pp. 343-479（1987）
（3） 東京精密社技術資料（www.accretech.jp/products/measuring/sfexplainpdf/download）
（4） アトキンス：千原秀昭，中村亘男訳，"物理化学（下）第6版"，pp. 932-936（2002）
（5） S. Suzaki and T. Okazaki, *J. Chem. Soc. Jpn.*, **84**, 330（1981）
（6） R-D. Sun, T. Nishikawa, A. Nakajima, T. Watanabe and K. Hashimoto, *Polymer Degradation and Stability*, **78**, 479（2002）
（7） A. Nakajima, M. Tanaka, Y. Kameshima and K. Okada, *J. Photochem. Photobiol. A*, **167**, 75（2004）
（8） H. Noguchi, A. Nakajima, T. Watanabe and K. Hashimoto, *Water Science & Technology*, **46**, 27（2002）
（9） 日本表面科学会編，"新訂版 表面科学の基礎と応用"，エヌティーエス，p. 44（2004）
（10） A. S. D'Souza and C. G. Pantano, *J. Vac. Sci. Tech., A*, **15**, 526（1997）
（11） A. S. D'Souza and C. G. Pantano, *J. Am. Ceram. Soc.*, **82**, 1289（1999）
（12） 西山誼行，表面，**36**, 457（1988）
（13） 北原文雄，古澤邦夫，"分散・乳化系の化学"，工学図書，pp. 77-160（1986）
（14） 北原文雄，渡辺昌共編著，"界面電気現象"，共立出版，pp. 18-140（1986）
（15） 林剛，*FC Report*, **8**, 72（1990）

3
接触角と表面エネルギー

3.1 表面張力と表面自由エネルギーの2つのアプローチ[1-7]

　水に代表される液体には分子間に互いに引力が作用している．濡れに代表される液体はこの引力により形成された分子の無秩序な凝集状態とみることができる．液体の表面張力の発現は固体表面の性質と同様に考えることができる．水の内部では個々の水分子はその平均配位数に相当する分子から引力を受けており，水分子に働く力は平均化すれば等方的である．しかしながら表面にある分子は片側が空気であるため相互作用をする相手の水分子の数が相対的に少ない．このため表面の水分子は分子密度の高い内側に引っ張られる．水滴内部に作用している力は等方的であるため普段はその力が表に出ることはないが，表面張力は常に表面に作用しているため，その効果が我々の前に顕著に現れる．

　また表面の水分子は，内部にある1分子が水の中で持っている平均的な凝集エネルギーに比べ，その一部を失っている状態にある結果，不安定性が増し，それ自体の自由エネルギーは高い状態にある．これが表面エネルギーの起源である．

　水道の水がいくつかの滴に分離する場合を考える．半径 R で長さが L の水の円柱が，半径 r の滴 n 個に分離した場合，体積保存則から

$$\pi R^2 L = \frac{4}{3}\pi r^3 n \tag{3.1}$$

となる．この式から n を求めて以下の式に代入すると

$$\frac{S_n}{S_0} = \frac{4\pi r^2 n}{2\pi R L} = \frac{3R}{2r} \tag{3.2}$$

となる．$r > 1.5R$ になると滴の表面積の総和 S_n は液の円柱の表面積 S_0 より小

さくなる．この方が全表面エネルギーを低下できるためすぐに滴に分離する．このため水のホースをつぶす（R を小さくする）と液滴になりやすい[1]．

多くの油では分子間の凝集作用は van der Waals 力に起因し，室温近傍での表面張力は $20 \sim 30 \times 10^{-3}$ (N/m)[*1] である．原子の半径 r を 0.1 nm として室温を 300 K とした場合，単位面積あたりの熱揺らぎ U は $kT/4\pi r^2$ に等しく，その大きさは，$1.3810 \times 10^{-23} \times 300/\{4 \times \pi \times (0.1 \times 10^{-9})^2\} = 0.034$ (J/m^2) である．この単位は後述するように，(N/m) と等しいことから，単位面積あたりの van der Waals 力はほぼ常温近傍での熱揺らぎと同程度となる．一方，水は水素結合を形成するため 72×10^{-3} (N/m) と van der Waals 力由来より大きな表面張力を示す．さらに，水銀は液体だが金属なので大変凝集力が強く，500×10^{-3} (N/m) にもなる．水銀が水よりも玉になりやすいのはこの表面張力の大きさによる．

固体表面の液体のマクロな濡れ性は，一般に接触角 θ で評価される．接触角とは，**図 3.1** に示すように，固体と液体が接している点における液体表面の接線と固体表面がなす角のうち，液体を含む側の角度のことであり，液体が水でこの角度が 90° 以下の場合は一般にその表面は親水性であり，90° 以上の場合は撥水性であるという．また，接触角が極端に小さく，ほぼ 0° となる場合を超親水性，接触角が極端に大きく，150° 以上となる場合を超撥水性と呼ぶことがある．接触角 θ は Young の式によって，以下のように表される．

$$\gamma_{SV} = \gamma_{LV} \cos\theta + \gamma_{SL} \tag{3.3}$$

この Young の式は一般的に力学的釣り合いと，界面自由エネルギー平衡の二通りの見地から定義されているが，力学的釣り合いにおいては γ_{SV}, γ_{LV}, γ_{SL} はそれぞれ固体-液体-気体がなす着液線（三重線（three-phase line））の単位

[*1] 一般に表面張力や表面エネルギーの値の記述には（m(ミリ)N/m(メートル)），(m(ミリ)J/m^2(平方メートル)）といった単位を用いる．しかしながら本書では初学者がミリとメートルを混同することを避けるため，あえてミリに相当する $\times 10^{-3}$ を単位の括弧から出して記述している．一般的な記述方法ではないことを断っておく．

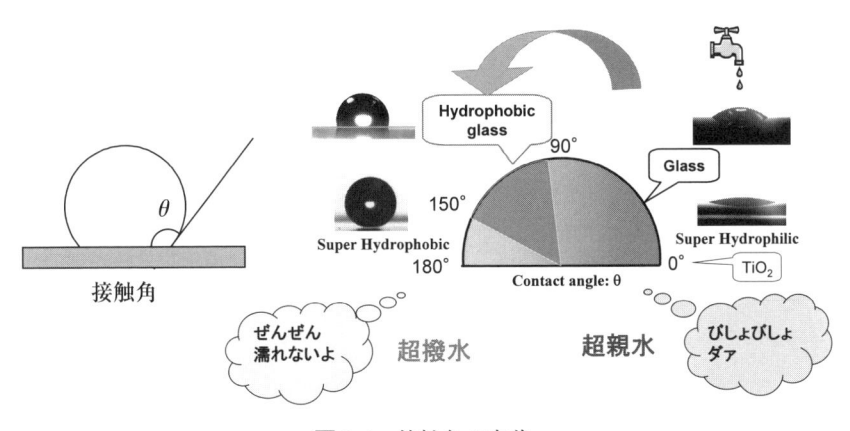

3.1 表面張力と表面自由エネルギーの2つのアプローチ

図 3.1 接触角の定義．

長さあたりの固体-気体間，液体-気体間，固体-液体間の表面張力を表し，界面自由エネルギーにおいては単位面積あたりの固体-気体間，液体-気体間，固体-液体間の界面自由エネルギーとなる．したがって前者の記述では単位は（N/m）となり，後者の場合は（J/m^2）となるが，後者（$J=N×m$ に注意）の分母分子を長さの次元である m で割ると（N/m）となることから，どちらの単位も同じ次元であることが分かる．ただし前者は力であるため方向性を有するベクトル量であるが，後者はエネルギーであるためスカラー量となる点が異なる．

表面ではなく液-液界面に働く界面張力はどうであろうか？ 表面では液体と空気であるが，液-液界面では物質間の密度差が小さい．このため界面張力は表面張力よりは小さくなるが，やはりそれぞれの液体での分子間相互作用の程度には差があるため，表面張力の場合と同様，界面張力が発生する．例えば水と油を考えよう．油分子間に作用する力は，主として分子の van der Waals 力である．一方，水分子間では van der Waals 力に加えて水素結合力が作用する．水と油の界面では水と気体との界面に比べ，水の表面張力から油分子から受ける van der Waals 力分だけ小さい界面張力が作用することになる．なお2種類の液体分子間の引力が同一分子間の相互作用より大きい場合は，2つの液

体は分離せずに混ざり合う．

ここで，表面張力，表面エネルギーの二通りの見地からの Young の式の導き方を述べる．

1） 力学的釣り合い

力学的見地においては，図 3.2 に示す単位長さあたりの各表面張力の水平方向の力のベクトルの釣り合いによって Young の式が導かれる．しかしながらこの概念では横軸，すなわち X 軸方向の力の釣り合いしか考慮しておらず，垂直方向の力の釣り合いについては無視している．固体-液体-気体が形成する三重線は，液体がある曲率をもって接しているので後述するように Laplace 圧力が生じる．このため，液体と同一平面で接している固体にも応力が生じ，そこにおいてはほんのわずかに固体が変形しているはずである．しかしながら，固体の弾性係数は液体や気体とは比較にならないほど大きく，また作用する力も固体の変形という観点からはきわめて小さい．このためこの応力による変形は，液滴の通常の大きさ（mm 単位）に比べてきわめて小さく，垂直方向の力の釣り合いは無視して取り扱っても，実際の濡れの諸問題を議論する上ではほとんど問題にならない．ただし固体表面が乾きかけの塗料，あるいは軟化点が室温以下のポリマーのように軟らかい場合には固体は変形し，表面に丸い水滴跡が残ることがある．

本来接触角は，液体の体積一定の下での全界面エネルギーの極小条件から決まる．それゆえ，接触角を決めるのは接触点近傍の界面張力だけではなく，界面全体である．次に界面エネルギーの平衡の見地から Young の式を導出する

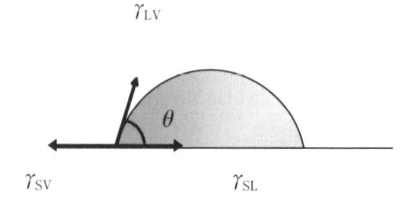

図 3.2 表面張力の釣り合い．

ことにしよう．

2) 界面エネルギー平衡

固体-気体，液体-気体，固体-液体間の単位面積あたりの界面エネルギーをそれぞれ γ_{SV}, γ_{LV}, γ_{SL} とする．接触角 θ のときにエネルギー的に平衡となっているとすると，図 **3.3** に示すように，平衡状態から微小面積 ΔA だけ増加させたときに生じる界面自由エネルギーは，

$$\Delta G = \gamma_{SL} \Delta A - \gamma_{SV} \Delta A + \gamma_{LV} \Delta A \cos(\theta + \Delta \theta) \tag{3.4}$$

となる．したがってこの微小面積について，$\Delta A \to 0$ となるとき各界面自由エネルギーが平衡となることから，

$$\lim_{\Delta A \to 0}\left(\frac{\Delta G}{\Delta A}\right) = \lim_{\Delta A \to 0} \{(\gamma_{SL} - \gamma_{SV}) + \gamma_{LV} \cos(\theta + \Delta \theta)\} = 0 \tag{3.5}$$

$$\lim_{x \to 0}(\Delta \theta) = 0 \tag{3.6}$$

となり，これら 2 式より界面自由エネルギー平衡の見地からも Young の式を導くことができる．

固体表面の濡れは系全体の熱力学的な平衡ではない．系全体の自由エネルギーの平衡であるとすると，相分離状態での 3 相平衡を取り扱わねばならず，現象の理解や解析が大変複雑になる．固体表面の濡れは，液体の体積一定のもと，あくまで固体-液体界面のエネルギー(または力学)平衡の現象である．ま

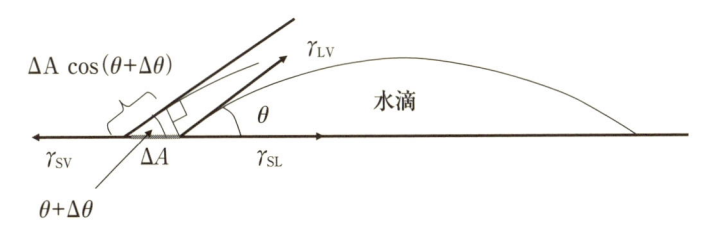

図 3.3 界面エネルギー平衡[6]．

た気体-液体界面が固体表面と一定の接触角をなすという点はあくまで液滴を巨視的なスケールでみた場合に得られる帰結であり，ミクロやナノのスケールでみた場合では状況が異なる．

3.2　表面エネルギーの熱力学的解釈[3,8]

体積 V，表面積 A の液体を考える．この液体の初期の内部エネルギーを U_i とする．この液体が表面を増加させる仕事 w を等温的に行った場合，液体の内部エネルギーは次のように変化する．

$$\Delta U = U_f - U_i \tag{3.7}$$

ここで U_f は最終的な内部エネルギーである．一方，行われた仕事 w とそれにより生じた内部エネルギー変化の差がその過程で吸収された熱量 q であるから

$$q = \Delta U - w \tag{3.8}$$

$$\therefore dU = dq + dw \tag{3.9}$$

となる（$q, \Delta U, w$ は微少量と見なす）．圧力 P の定圧状況では dw は以下の形で記述される．

$$dw = -PdV + \gamma dA \tag{3.10}$$

ここで γ は単位面積あたりの表面エネルギーである．この式を上の式に代入すると

$$dU = dq + (-PdV + \gamma dA) \tag{3.11}$$

となる．dq はエントロピー S の定義から TdS に等しいので

$$dU = TdS - PdV + \gamma dA \tag{3.12}$$

と書くことができる．一方，Gibbs の自由エネルギーは $G = H - TS$ なのでその微分式は

$$dG = dH - TdS - SdT \tag{3.13}$$

ここで dH は系のエンタルピー変化である．ここでは定圧下の変化を考えているので，$dH = dU + PdV$ であるから

$$dH = TdS - PdV + \gamma dA + PdV = TdS + \gamma dA \tag{3.14}$$

これを上の dG の式に代入すると $dT=0$，すなわち等温変化であるから

3.2 表面エネルギーの熱力学的解釈

$$dG = TdS + \gamma dA - TdS - SdT = \gamma dA$$
$$\therefore \gamma = dG/dA \; (正確には \; \gamma = (\partial G/\partial A)_{T,P}) \tag{3.15}$$

以上のことから，表面張力 γ は単位面積あたりの Gibbs の自由エネルギーと等価であることが導かれる．

また $H=U+PV$, $G=H-TS$ なので
$$G = U + PV - TS \tag{3.16}$$
(3.12)式を用いて両辺を微分すると
$$dG = d(U+PV-TS) = (TdS - PdV + \gamma dA) + (PdV + VdP) - (TdS + SdT)$$
$$= VdP - SdT + \gamma dA \tag{3.17}$$
定圧のもとでは
$$dG = -SdT + \gamma dA \tag{3.18}$$
このことから
$$-S = (\partial G/\partial T)_P, \quad \gamma = (\partial G/\partial A)_P \tag{3.19}$$
Maxwellの関係式から A と T の両方で微分する場合，順序に依存しないので
$$\partial(\partial G/\partial T)_P/\partial A = \partial(\partial G/\partial A)_P/\partial T \tag{3.20}$$
(3.19)式から
$$-(\partial S/\partial A)_P = (\partial \gamma/\partial T)_P \tag{3.21}$$
単位面積あたりのエントロピーを改めて S' と置くと
$$-S' = (\partial \gamma/\partial T)_P \tag{3.22}$$

したがって，表面エネルギーの温度変化は単位面積あたりのエントロピーに等しいことになる．$d\gamma$ というエネルギーを dT という温度で割っているのであるから，当然の帰結ともいえる．エントロピーは常に正であるから液体の表面張力は温度の上昇とともに減少する（臨界温度でゼロになる）．調理の際に冷たい鉄製のフライパンに油を少量たらすと，油のふちが少し盛り上がった状態になるが，そのままフライパンを加熱していくと，ふちの盛り上がりが消える．温度上昇は油の粘性を低下させるが，粘性は接触角が飽和するのに要する時間には寄与するものの，時間を充分に長く取った場合，接触角への寄与はない．これは加熱により油のエントロピーが増大したため表面エネルギーが低下して，接触角が低下し，フライパンをよく濡らすようになるためである．表面

エネルギーにとって温度が重要なパラメータであり，したがって固体の濡れは温度により変化する．

3.3　濡れによる仕事[1,2]

　同面積の固体と液体が付着して固-液界面を形成する場合を考える．それぞれの界面自由エネルギーについて，付着前の固体表面：γ_{SV}，液体表面：γ_{LV}，付着後に生成する固-液界面：γ_{SL}とすると，このときの変化を熱力学的に表した次のDupreの式が知られている．

$$\gamma_{SL} = \gamma_{SV} + \gamma_{LV} - W_A \tag{3.23}$$

この式においてW_Aは付着仕事（work of adhesion）と呼ばれており，単位面積あたりの付着前後におけるGibbsの自由エネルギー変化に相当している．この式とYoungの式から，次のYoung-Dupreの式

$$\gamma_{LV}(1+\cos\theta) = W_A \tag{3.24}$$

が導かれる．この式から，接触角θは大きいほど付着仕事W_Aが小さくなる，すなわち固体表面は濡れにくくなることを示している．

　一方，フランスのベルテロー（Berthelot）は，2種類の分子間に作用する引力的な相互作用のエネルギーは，それぞれの分子の相互作用を決めるある性質Xの積に比例すると考えた．これによれば，a分子同士，b分子同士，a分子とb分子に作用する相互作用エネルギーA_{aa}，A_{bb}，A_{ab}についてはそれぞれ以下のように記述される．

$$A_{aa} = kX_a^2$$
$$A_{bb} = kX_b^2$$
$$A_{ab} = kX_aX_b$$

このことからa-b間の相互作用エネルギーはa-a間，b-b間の相互作用エネルギーの相乗平均で記述することができるため，以下のような式が得られる．

$$\frac{A_{ab}}{\sqrt{A_{aa}A_{bb}}} = 1 \tag{3.25}$$

この関係をBerthelotの幾何平均法則と呼ぶ．

GirifalcoとGoodはこの考え方に基づき，付着仕事 W_A はそれぞれの相における分子の凝集エネルギーの平均で与えられると仮定した[9]．

$$W_A = W_{SL} = \sqrt{W_{SS}{}^C \cdot W_{LL}{}^C} = 2\sqrt{\gamma_{SV} \cdot \gamma_{LV}} \tag{3.26}$$

ここで，$W_{SS}{}^C$，$W_{LL}{}^C$ はそれぞれ固体間分子および液体間分子の単位面積あたりの凝集エネルギーである．接触している同種の媒質を無限遠に引き離す過程を考えるとこれらは界面自由エネルギーの2倍の値をとる（2つの新たな界面ができるため）と仮定できる．さらにこのままの式では成り立つ系が限定されることから，彼らは補正係数 Φ を加えた以下の式を提示した．

$$W_A = 2\Phi\sqrt{\gamma_{SV} \cdot \gamma_{LV}} \tag{3.27}$$

この式から，(3.27)式は

$$\cos\theta = 2\Phi\sqrt{\frac{\gamma_{SV}}{\gamma_{LV}}} - 1 \tag{3.28}$$

と表され，接触角 θ は固体の表面エネルギーが低いほど，また，Φ が小さいほど高い値を示すことになり，液体が水ならば，より撥水的になることを意味する．この式は撥水性の増大に対して表面のエネルギーの低減が有効であることを示している．井本が水と約140種類の化合物との間で算出した Φ の値を**表3.1**に示す．Φ は2相間に働く相互作用の種類により異なり，おおむね1，もしくはそれ以下の値をとる．

液体と固体が濡れる際にその液滴が広がるか，後退するかは固体の表面自由エネルギーと固体と液体の界面での界面自由エネルギーを比較することで検討できる．両者の差を取り，Youngの式を代入すると

$$W_L = \gamma_{SV} - \gamma_{SL} = \gamma_{LV}\cos\theta \tag{3.29}$$

となる．この W_L は浸漬仕事（湿潤張力）と呼ばれる．また浸透係数（impregnation parameter）と呼ばれることもある．これは乾いた表面が濡れた表面に置き換わる際の，その表面自体でのエネルギー変化に相当する．この浸漬仕事から濡れの状態が判断される．γ_{LV} と θ は実測可能であり，$\gamma_{LV}\cos\theta$ の値は自由エネルギーの減少で表した濡れの尺度と見なすことができる．具体的には**図**

表 3.1 水に対する ϕ の値（20℃）[3].

分類	値
アルコール類	1.04 - 1.15（9 種）
カルボン酸	0.92 - 1.11（5 種）
カルボニル	0.90 - 1.08（9 種）
エステル	0.84 - 1.08（8 種）
エーテル	1.01 - 1.12（2 種）
アミン	0.98 - 1.12（3 種）
ニトリル	0.97 - 1.00（2 種）
ニトロ化合物	0.79 - 0.97（4 種）
脂肪族炭化水素	0.53 - 0.60（12 種）
芳香族炭化水素	0.61 - 0.73（8 種）
ハロゲン化物	0.61 - 0.91（22 種）
硫黄化合物	0.58 - 0.85（4 種）

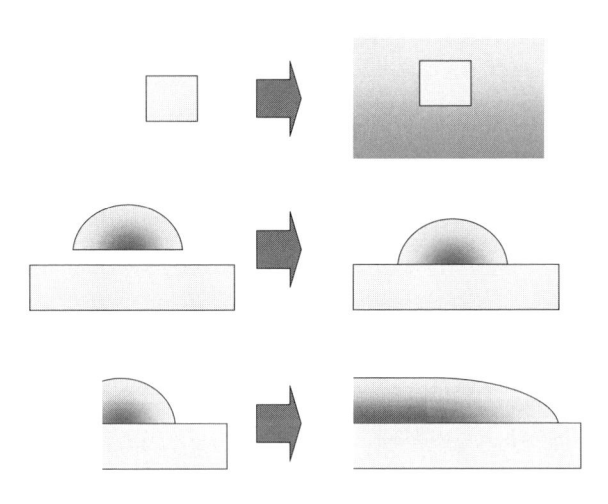

図 3.4 浸漬濡れ（上），付着濡れ（中），拡張濡れ（下）[2].

3.4 のように $\gamma_{LV} \cos\theta \geq 0$（$\theta \leq 90°$）では浸漬濡れとなる．この濡れは固体顔料粉末を溶媒中に分散させる際に重要であり，θ が小さいほど液体は固体をよく濡らす．$\gamma_{LV} \cos\theta < 0$（$\theta > 90°$）では付着濡れとなり，防水加工などで重要となる．付着濡れの状態ではハケなどによる塗装は困難である．また多孔体に液体

を含浸させる際，W_Lが正ならば液が自発的に入っていく．この条件は後述する拡張濡れの仕事Sでの完全濡れの条件よりもはるかに緩い．このため完全濡れでなくとも多くの液体はスポンジや多孔体に自発的に浸透していくことになる．

接触角$\theta=0$の場合は拡張濡れと呼ばれる．液体が固体表面を自発的に濡れ広がり，液膜がどんどん薄くなってそのまま乾いてしまう状態であるため，静的な状態として定義しづらく，厳密な意味ではYoungの式が成立しないともいえる状態である．固体表面が液体に濡れるか濡れないかは，熱力学的には拡張濡れの仕事Sで見積もられる．このSは拡張係数（spreading coefficient）と呼ばれ，乾いた表面での表面エネルギーと濡れた表面での表面エネルギーの差であり，以下のように表される．

$$S = \gamma_{SV} - (\gamma_{LV} + \gamma_{SL}) \tag{3.30}$$

$S>0$であれば液体は表面エネルギーを減らすために濡れ広がる．一方，$S<0$であれば液体は広がらずに釣り合い，表面と接触角θをなす不完全な濡れの状態になる．

3.4　表面エネルギーの成分分け[1-3,10)]

表面張力の元は凝集エネルギーであり，その一部がGibbsの自由エネルギーとなって表面張力となっている．凝集エネルギーは分子間の引き合いや反発の総合的な結果である．分子間力については以下のようなものが知られている．

1)　双極子-双極子相互作用

2つの回転している極性分子1，2の間には相互作用が存在する．その平均のポテンシャルエネルギーE_pは以下のように記述される．

$$E_p = \frac{-C_1 \mu_1^2 \mu_2^2}{R^6} \tag{3.31}$$

$$C_1 = \frac{2}{3(4\pi\varepsilon_0)^2 kT} \qquad (3.32)$$

ここで，μ は Debye 単位の双極子能率，R は nm 単位の双極子間の距離であり，k は Boltzmann 定数，T は温度，ε_0 は真空の誘電率である．この式を Keesom の相互作用と呼ぶ．

2) 双極子-誘起双極子相互作用

μ_1 という双極子を持つ極性分子は，隣接する極性分子に双極子を誘起することができる．この誘起された双極子は，先の永久双極子と相互作用して互いに引き合う力が生まれる．この際の平均の相互作用エネルギー $E_{p,d}$ は

$$E_{p,d} = \frac{-\mu_1^2 \alpha_2}{\pi\varepsilon_0 R^6} \qquad (3.33)$$

となる．α_2 は誘起双極子側の分極率体積[*2]である．永久双極子側が 1，誘起された双極子側が 2 であり，μ_1 は分子 1 の永久双極子である．添え字の d は誘起された双極子の意味を表す．

3) 誘起双極子-誘起双極子相互作用

アルゴンやベンゼンなどの永久双極子を持たない無極性分子も，低温で凝縮することから分かるように分子同士に引き合う力が存在している．この起源は分子の中の電子の瞬間的な位置変動による分子内での瞬間的な双極子の誘起による．ある分子中で電子が揺らいで μ_1 という双極子が誘起されると，隣接する分子にも μ_2 という双極子が誘起され，分子内の電子分布が変化する．この誘起双極子間の相互作用は London の分散力と呼ばれ，van der Waals 力の根源となる力の 1 つである．この作用は無極性分子に限定されず，極性分子間でも起こりうる．この作用の大きさは分子の分極率で決まり，その相互作用エネルギー $E_{d,d}$ は以下のように記述される．

[*2] 誘起された双極子を持つ分子の分極率を $4\pi\varepsilon_0$ で除したもの．

3.4 表面エネルギーの成分分け

$$E_{d,d} = \frac{-2I_1I_2\alpha_1\alpha_2}{3(I_1+I_2)R^6} \tag{3.34}$$

I_1 と I_2 は 2 つの分子のイオン化エネルギーである．London の分散力は原子，分子，イオンに共通して引力として作用する．

Fowkes は，表面張力 γ が van der Waals 力（London 分散力）に基づく成分（分散力項）γ^d と，その他に基づく成分（極性項）γ^p の和により表されるとした[11]．すなわち

$$\gamma = \gamma^d + \gamma^p \tag{3.35}$$

極性項に相当する成分は，先に述べた 1），2）の相互作用に基づく．**表 3.2**[2] に各種固体表面のこれらの値を示す．パラフィンやポリプロピレンなどの極性項はきわめて小さい．

Fowkes はこの成分分けに基づいて 2 つの成分間の相互作用に分散力のみが寄与する場合には界面エネルギー γ_{12} が以下のように記述できるとした．

表 3.2 各種固体表面における表面エネルギーの分散力項と極性項[2]．

物質	γ $\times 10^{-3}$ (J/m²)	γ^d $\times 10^{-3}$ (J/m²)	γ^p $\times 10^{-3}$ (J/m²)
パラフィン	24.8	24.8	0
ポリエチレン	28	26.5	1.5
ポリプロピレン	29.8	29.8	0
ポリスチレン	42.4	37.2	5.2
6-ナイロン	43.7	29.2	14.5
ナイロン 11	43.9	43.1	0.8
PET	44	35.3	8.7
NaOH 処理 PET	58	29	29
ポリビニルブチラール	44	28	16
ポリビニルアルコール	55	26	29
ネオプレン	31.02	31	0.02
セロファン	80.2	34.1	46.1
酢酸セルロース（アセチル化度 55%）	46.7	28.4	18.3
グラファイト	45.1	35.2	9.9

$$\gamma_{12}=\gamma_1+\gamma_2-2\sqrt{\gamma_1^d\,\gamma_2^d} \qquad (3.36)$$

Fowkes はこの式から γ_1 が既知の水銀（484×10^{-3}（J/m^2））を用い，飽和炭化水素（ヘキサン，ヘプタン，デカンなど）に対する γ_{12} を文献調査と実測から得た．飽和炭化水素は極性がなく，分子間力が分散力のみと考えられるため，$\gamma_2=\gamma_2^d$ と見なすことができる．したがって，(3.36)式の関係を用いると，水銀の分散力成分，すなわち γ_1^d を求めることができ，その値を約 200×10^{-3}（J/m^2）と計測した．同様にこの方法を用いると，水の γ_1^d は約 22×10^{-3}（J/m^2）と算出することができる．水の表面エネルギーは 72.8×10^{-3}（J/m^2 at 20°）であるから，全表面エネルギーに対する分散力の寄与はせいぜい30%程度となる．この成分分けの考え方は相互作用として分散力以外の力が作用する系にも拡張され，Owens と Wendt は水素結合と双極子間相互作用の項を追加して表記した[12]．北崎と畑はこれら成分分けの概念を拡張し，分散力項，極性項，水素結合項の3種類の和として表した[13]．

$$\gamma_1=\gamma_1^d+\gamma_1^p+\gamma_1^h$$
$$\gamma_2=\gamma_2^d+\gamma_2^p+\gamma_2^h \qquad (3.37)$$

これらの物質での界面張力は以下の式で表される．

$$\gamma_{12}=\gamma_1+\gamma_2-2\sqrt{\gamma_1^d\,\gamma_2^d}-2\sqrt{\gamma_1^p\,\gamma_2^p}-2\sqrt{\gamma_1^h\,\gamma_2^h} \qquad (3.38)$$

このようにすると物質間に働く付着仕事は(3.23)式から

$$W_A=2\sqrt{\gamma_1^d\,\gamma_2^d}+2\sqrt{\gamma_1^p\,\gamma_2^p}+2\sqrt{\gamma_1^h\,\gamma_2^h} \qquad (3.39)$$

と表すことができる．ここで，**表 3.3**[13] の A 群に示すような London 分散力項のみが存在すると考えられる飽和炭化水素（例えばヘキサン，デカンなど）を用いて接触角 θ を測定し付着仕事を求めると，この液体の表面エネルギーは分散力成分のみであるから（$\gamma_{LV}=\gamma_{LV}^d$），以下の式により固体 S の表面エネルギーの分散力成分 γ_{SV}^d が求められる．すなわち

表 3.3 各種の液体の分散力項,極性項,水素結合項 [13].

	$\gamma_L^d \times 10^{-3}$ (J/m²)		$\gamma_L^d \times 10^{-3}$ (J/m²)	$\gamma_L^p \times 10^{-3}$ (J/m²)	$\gamma_L^h \times 10^{-3}$ (J/m²)	$\gamma_L \times 10^{-3}$ (J/m²)	
n-ヘキサデカン	27.6	ヨウ化メチレン	46.8	4	0	50.8	
n-テトラデカン	26.7	テトラブロモエタン	44.3	3.2	0	47.5	
n-ドデカン	25.4	a-ブロモナフタレン	44.4	0.2	0	44.6	
n-デカン	23.9	テトラクロロエタン	33.2	3.1	0	36.3	B群
n-ノナン	22.9	ヘキサクロロブタジエン	35.8	0.2	0	36	
n-オクタン	21.8	ポリジメチルシロキサン	18.1	1.8	0	19.9	
n-ヘプタン	20.3	水	29.1	1.3	42.4	72.8	
n-ヘキサン	18.4	グロセロール	37.4	0.2	25.8	63.4	
		ホルムアミド	35.1	1.6	21.5	58.2	
		エチレングリコール	30.1	0	17.6	47.7	C群
		ジエチレングリコール	31.7	0	12.7	44.4	
		ポリエチレングリコール 200	29.9	0.1	13.5	43.5	

A 群

γ_{SV}^d:A 群の液体で $\gamma_{LV}(1+\cos\theta) = 2\sqrt{\gamma_{SV}^d \gamma_{LV}^d}$ を解く.

次に,双極子間相互作用も関与していると考えられる表 3.3 の B 群の液体(ヨウ化メチレンなど)を用いて接触角を測定し付着仕事を求め,A 群の液体から得られた固体 S の表面エネルギーの表面分散力成分を用いると固体の表面エネルギーの双極子間力の成分が求められる.すなわち

γ_{SV}^p:B 群の液体で $\gamma_{LV}(1+\cos\theta) = 2\sqrt{\gamma_{SV}^d \gamma_{LV}^d} + 2\sqrt{\gamma_{SV}^p \gamma_{LV}^p}$ を解く.

最後に水を用いて接触角を測定し,付着仕事を求め,A 群の液体から得られ

た固体の表面エネルギーの表面分散力成分と，B 群の液体から得られた固体の表面エネルギーの双極子間力成分を用いると，表面エネルギーのすべての成分を求めることができる．すなわち

$\gamma_{SV}{}^h$：C 群の液体で $\gamma_{LV}(1+\cos\theta)=2\sqrt{\gamma_{SV}{}^d\,\gamma_{LV}{}^d}+2\sqrt{\gamma_{SV}{}^p\,\gamma_{LV}{}^p}+2\sqrt{\gamma_{SV}{}^h\,\gamma_{LV}{}^h}$ を解く．

このように，A 群，B 群，C 群の液体について接触角を順次測定することで固体表面の各成分が求められ，その総和が固体表面のエネルギーと見積もられる．例えばフッ素系材料で処理した撥水表面において，ヘキサデカン（$CH_3(CH_2)_{14}CH_3$, 27.6×10^{-3} (J/m^2)），ヨウ化メチレン（CH_2I_2, 50.8×10^{-3} (J/m^2)），水（72.8×10^{-3} (J/m^2)）に対する接触角がそれぞれ 66.8°，87.5°，113.8° であった場合，その固体の表面エネルギーは約 14×10^{-3} (J/m^2) となる[14]．

このような成分分けが導入された背景には，分子間力の相互作用により生じる複雑な現象の一部がこの考え方で理解・整理できたことがある．成分分けの考え方に共通する仮定は「分子間力の同じ成分のみが相互作用する」というものである．しかしながらこの仮定はそれ自体に合理性が乏しい上，実際の系においては無限大ともいえる巨大数の分子が集合して運動しており，その効果などが考慮されていない．このためこの成分分けの考え方には合理性を欠くとの批判もある．事実，この方法から得られる固体の表面エネルギーの値は，測定に用いる液体によりかなり変動し，数十％以上異なる場合もある．したがって，この方法は大まかな傾向を把握するには有用であるが，その絶対値の大小の厳密な比較はできない．

前述のように固体表面と接触する液体分子との相互作用には，固体表面の静電場と液体の双極子との相互作用，静電場による液体の誘起双極子との相互作用，London 分散力の和で表される．したがって固体表面と接触する液体分子との間に働く相互作用は，固体のこれらの成分とともに液体分子の双極子モーメントや分極率が影響する．例えばフッ化カルシウムや酸化チタンなどイオン結合性が高い固体表面では極性が大きく，このような表面では水やアルコールなど極性の高い溶媒と高い親和性を示してこれらの溶媒によく濡れる．一方，

グラファイトやテフロンなどは極性が少ないため,液体の極性の有無によらずLondon分散力のみが関与する.分散力は弱いため一般に濡れにくい.

3.5 表面エネルギーとその見積もり
3.5.1 固体の表面エネルギー[1-3,6)]

これまで述べたように,濡れ,接着,吸着など固体表面の性質,表面上の種々の現象は表面エネルギーや物質間に働く相互作用の面から考察,特徴づけがなされる.隣接原子との結合状態により表面エネルギーは異なり,結晶質物質では最密充塡に近い配列の結晶面ほど小さい値となる.このことは結晶成長や,固体を高温に保持する場合に表面自由エネルギーが最小となる結晶面が発達しやすいことを表している.表3.4に固体の表面エネルギーの値を示す.表面エネルギーの測定には湿潤熱測定[*3],接触角測定,吸着など他の物質との相

表 3.4 各種固体の表面エネルギー[2)].

物質	結晶面	$\gamma \times 10^{-3}$ (J/m^2)	物質	結晶面	$\gamma \times 10^{-3}$ (J/m^2)
石英	$(11\bar{2}0)$	760		$(10\bar{1}0)$	230
	$(10\bar{1}1)$	410	NaCl	(100)	280
	$(\bar{1}011)$	500	LiF	(100)	563
	$(10\bar{1}0)$	1030	CaF$_2$	(111)	450
ガラス		500–1200		(110)	1081
MgO	(100)	1200	ダイヤモンド	(111)	5650*
CaO	(100)	1310	グラファイト	(0001)	119*
Al$_2$O$_3$	$(10\bar{1}1)$	6000	氷		82
	$(10\bar{1}0)$	7300	シリコン		1240
Fe$_2$O$_3$	(0001)	980*	金		1300–1700
TiO$_2$(rutile)	(110)	1420*	銅		1370
CaCO$_3$(方解石)	$(10\bar{1}1)$	190*	鉄		1360

*印は計算値

[*3] 比熱が既知の液体に固体を添加し,固体の表面が液体に置換される際に発生する熱量を測定するもの.

互作用を利用する間接的な手法が多く用いられる.

一般に金属や金属酸化物などは，1000×10^{-3}（J/m²）以上の高い表面エネルギーを示し，ポリマー，樹脂などの有機物は，多くの場合 50×10^{-3}（J/m²）以下の低い表面エネルギーを示す．金属や金属酸化物は表面エネルギーがきわめて高いため，これらの表面では水が完全に濡れ広がるはずであるが，実際にはそうではない．表面エネルギーが高い表面は安定性が低いことを意味し，このような表面では周囲の気体や液体から様々な分子やイオン（不純物）を吸着して表面エネルギーを低下させている．鉄やアルミニウムなどの金属表面において，酸素の化学吸着層が形成されて表面酸化皮膜が形成されるのもその一例である．

先に述べたように，固体表面での液滴の濡れ広がりは拡張係数（(3.30)式参照）で見積もることができる．ここで，1）固体同士，2）固体と液体，3）液体同士を接着させる場合を考えよう（**図3.5**）．2つの固体表面には $2\gamma_{SV}$ の表面エネルギーがあり，張り合わせにより単位面積あたり化学結合エネルギー U と van der Waals エネルギー V を獲得する．

すなわち

1) $2\gamma_{SV}=U+V_{SS}$

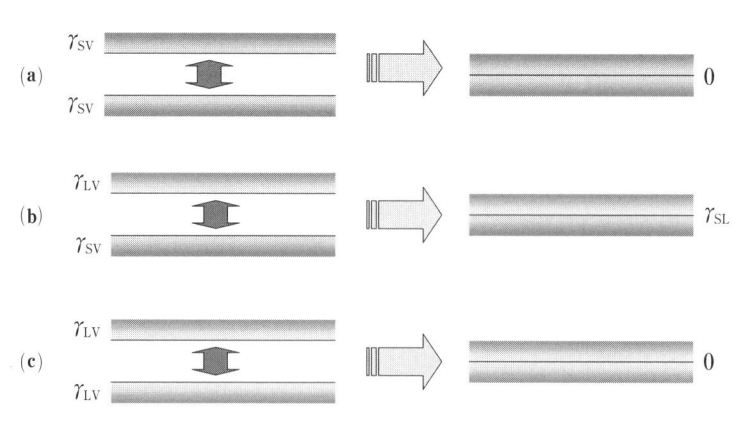

図3.5 固体同士(a)，固体と液体(b)，液体同士(c)の接着[1].

である（添え字 SS は後述参照）．固体と液体を張り合わせた場合は固体と液体の van der Waals エネルギー V_{SL} を獲得するので

2) $\gamma_{SV}+\gamma_{LV}=\gamma_{SL}+V_{SL}$

となる．液体同士の場合は

3) $2\gamma_{LV}=V_{LL}$

となる．添え字の S, V, L は，それぞれ固体，気体，液体を表す．SV とは固体-気体間の相互作用のことである．

2), 3) を拡張係数の式 (3.30) に代入して整理すると

$$S=\gamma_{SV}-(\gamma_{LV}+\gamma_{SL})=V_{SL}-V_{LL} \qquad (3.40)$$

拡張係数は固体-液体間の van der Waals エネルギーと，液体-液体間の van der Waals エネルギーの差を取ったものとなる．S が大きい（よく濡れる）ということは，この差が大きいことを意味する．この van der Waals エネルギーは単位体積あたりの分極率に依存するため[15]，S は固体，液体の分極率の相対関係に依存する．

表面処理による固体表面の濡れ制御とは，固体表面に分極率の異なるものをコーティングし，液体との分極率の大小関係を変化させることであるともいえる．このことは液体による固体の濡れがその分極率により判定が可能であり，固体よりも低い分極率を持つ液体は，その固体が清浄であれば S が大きくなるため，その上で濡れ広がりやすいことを意味する．このことを Zismann の経験則という．これは，固体において様々な液体に対して不完全な濡れ ($S<0$) から完全な濡れ ($S>0$) になる液体の表面張力（臨界表面張力 γ_c）が存在するということを意味する．これが以下に述べる Zismann プロットという手法で得られる臨界表面張力である[16]．

樹脂やポリマーなどの低エネルギー固体表面の表面エネルギーは，一般に直接測定が困難であるため Zismann プロットが用いられる．飽和炭化水素，極性有機溶媒など，同一系列の液体による固体表面上の接触角の $\cos\theta$ とその液体の表面張力との関係から得られる直線において，$\cos\theta=1$ の外挿点での張力が臨界表面張力 γ_c である（**図 3.6**）．臨界表面張力は，固体表面の極性，付着物，接触角測定用液体により変化するが，これらの点に注意して測定した臨界

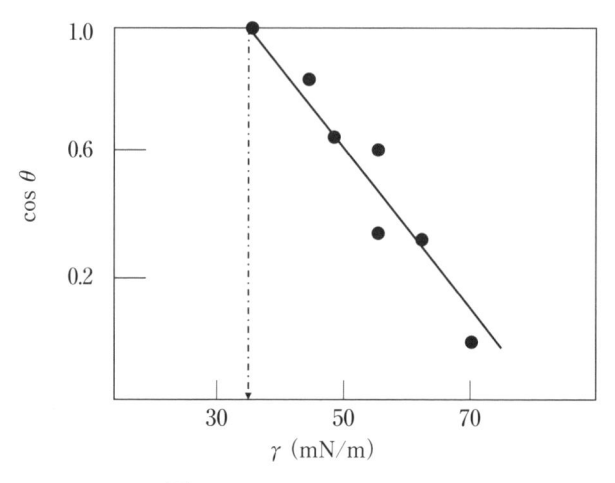

図 3.6 Zismann プロット.

表面張力は液体の表面エネルギーの分散項との関係が大きく,表面特性の評価に利用される.$\theta=0$ となる臨界表面張力 γ_c の液体は,固体を完全に濡らすことができる.

Zismann プロットは簡便であるため多くの測定に用いられるが,$\cos\theta$ と γ_{LV} は実のところ線形関係にはならない.

3.3 節で示したように固体-液体界面の表面エネルギーは以下のように記述される.

$$\gamma_{SL} = \gamma_{SV} + \gamma_{LV} - 2\Phi\sqrt{\gamma_{SV}\gamma_{LV}} \tag{3.41}$$

この式と Young の式から γ_{SL} を消去すると,以下の関係が得られる.

$$1 + \cos\theta = 2\Phi\sqrt{\frac{\gamma_{SV}}{\gamma_{LV}}} \tag{3.42}$$

この式から明らかなように $\cos\theta$ と γ_{LV} は線形関係ではない.したがって Zismann プロットはあくまで便宜上の方法である.

何らかの方法で γ_{SV} が既知の場合,$\cos\theta$ が 1 に等しいとき,上式の両辺を 2

乗すると以下の関係が得られる.

$$\Phi^2 \gamma_{SV} = \gamma_c \tag{3.43}$$

この式から Φ を求めることができる. Φ が 1 に等しい場合のみ，$\gamma_{SV} = \gamma_c$ となる.

中前らは，$C_{20}F_{42}$ をエピタキシャル成長させることで表面に-CF_3 を最密充填した表面を作製し，水とヨウ化メチレンを用いて測定した接触角から表面エネルギーを 6.7×10^{-3} (J/m^2) と算出した[17]. この表面での水の接触角は 119° であり，この値はおおむね平滑な表面での上限値であろう．C-F 結合は，結合の分極率が低いことから表面自由エネルギーが低い.

共重合体[*4]（ポリマー）の臨界表面張力は，共重合体を構成する成分（$i=1$, $2, \cdots$）から以下の式を用いて計算することができる.

$$\gamma_c(\text{共重合体}) = \Sigma N_i (\gamma_c)_i \tag{3.44}$$

ここで，N_i は i 成分のモル分率，$(\gamma_c)_i$ は i 成分の臨界表面張力である．ただしポリマーは希薄溶液中では固体表面にループ・トレイン・テール構造に示される自己組織化が起こる（図2.9参照）．このため表面エネルギーの低い官能基（C-F 結合を含む官能基など）が表面に濃縮されることがあり，この式で示されたような表面エネルギーを示さない場合もある.

3.5.2　液体の表面エネルギー[1,3,7]

液体の表面エネルギーの測定には 1) 液面から板を引き上げる力を直接計測する方法（ウィルヘルミー（Wilhelmy）法），2) ガラス管の毛管上昇高さとメニスカスから測定する方法（毛管上昇法），3) 管からぶら下がった液滴の形状から計測する方法（ペンダントドロップ法または懸滴法），4) 液中に管を入れ，その管に空気を導入して液中に泡が放出される瞬間の圧力を計測する方法（最大泡沫法），5) ガラス管の先から落下する液体の重量を測定する方法（液重法）などがある.

Wilhelmy 法（**図 3.7**）では引き上げる力 F が

[*4] 2 種類以上の単量体（$i=1, 2, \cdots$）が重合してできた重合体.

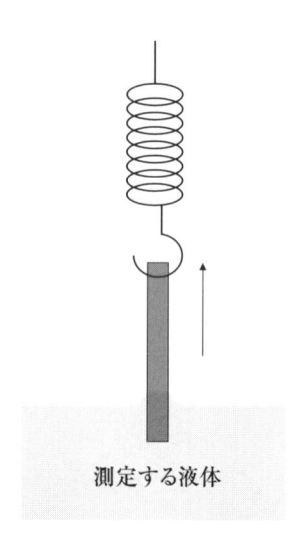

図 3.7 Wilhelmy法[7].

$$F = p\gamma\cos\theta \tag{3.45}$$

となる．ただし p は固体-液体界面の長さである．この方法では接触角をあらかじめ何らかの方法で調べておかなければ表面エネルギーを算出できない．

毛管の半径を R，液体の上昇高さを h，液密度を ρ とすると，毛管中の液には上端の三重線（毛管と液面と大気が形成する円状の部分）に作用する力と下部の液柱に作用する重力が釣り合う．このため

$$2\pi R \gamma_{LV} \cos\theta - \pi R^2 h \rho g = 0 \tag{3.46}$$

$$h = \frac{2\gamma_{LV}\cos\theta}{\rho g R} \tag{3.47}$$

となる．これが毛管上昇の高さであり，θ は毛管と液との接触角である．ただし $R \ll h$ であることが条件である．

この関係を利用して毛管半径と上昇高さから液体の表面エネルギーを算出するのが毛管上昇法である．この方法も Wilhelmy 法と同様に接触角をあらかじめ測っておく必要がある．

ペンダントドロップ法（懸滴法）は，図 3.8 のように液滴が懸垂状態にある

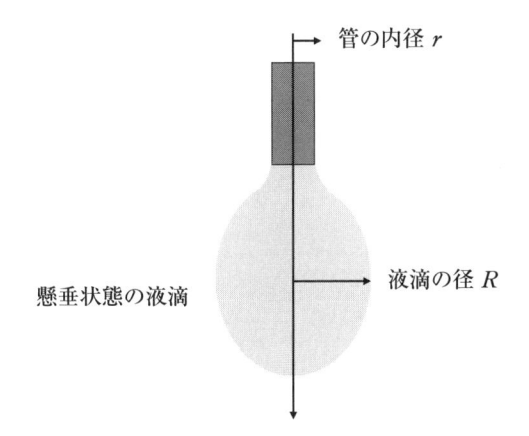

3.5 表面エネルギーとその見積もり

図 3.8 ペンダントドロップ法（懸滴法）[1].

ときの力の釣り合いから導かれる．垂れ下がった液が落下するのは管の内径を r とすると，この毛管力の最大値は $2\pi r\gamma$ である．この圧力が垂れ下がった液滴の質量にかかる重力とバランスするとし，液滴の質量を幾何学的に求められた体積と密度から求める．計算の過程は複雑であるが，液が落下する際の径 R は以下のように記述される．

$$R = \sqrt[3]{\frac{3\ell^2 r}{2\alpha}} \tag{3.48}$$

ここで，α は液が落下する際の全体の液のうち落下する割合（実際の測定では滴のすべてが落下するわけではなく，くびれができてそれが伸びて落下するため一部は管に残る）で，0.6 程度である．ℓ は 3.6 節で記述する毛管長である．この値から落下した液滴径を求め，毛管力とのバランスから表面張力を算出する．

泡の最大圧力法は，図 3.9 に示すような配置で泡を形成する際の圧力を測定するもので，以下の式で与えられる．

$$P(R) = p_0 + \rho g h + \frac{2\gamma}{R} \tag{3.49}$$

この測定では h が空気を吹き込む管の径より大きいことが必要である．こ

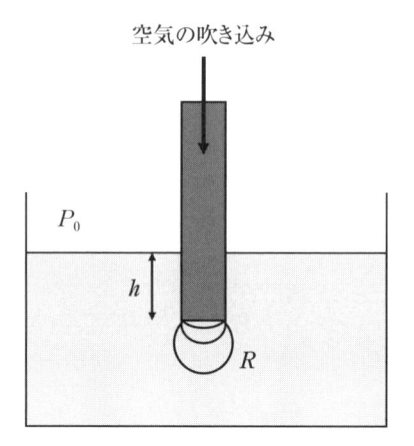

図 3.9 泡の最大圧力法[1].

の方法は高温でも利用できるため，ガラスのような高温融液の表面張力測定にも用いられる．

　液体や固体が最密充填する場合，内部の分子は 12 個の他の分子に取り囲まれるが，表面の分子は 9 個の分子からしか影響を受けない．井本は「周囲を取り囲まれて安定化されうるのに，取り囲まれていない裸の 1/4 部分が自由エネルギーの原因になる」との考えに立ち，次のような式を提示した[18]．

$$\gamma = 0.25 n\varepsilon\alpha \tag{3.50}$$

ここで，n は単位表面積に存在する分子の数，ε は 1 分子あたりの凝集エネルギーである．α は補正係数で，化合物により 0.4（OH 基を有する化合物，水，アルコールなど），0.5（分極性化合物，アミン，ケトン，エステル，ハロゲン化合物などと C6 以下の炭化水素），0.6（球形の化合物，非極性化合物，C7 以上の炭化水素）に大別できる．

　表面張力と物質の分子量との関係は一定せず，**図 3.10** に示すように分子量の増大により γ が上がるものもあれば，変化しないものも下がるものもある．井本の式によれば $n\varepsilon$ の値が分子量とともに増加すれば γ は増加し，減少すれば減少することになる．

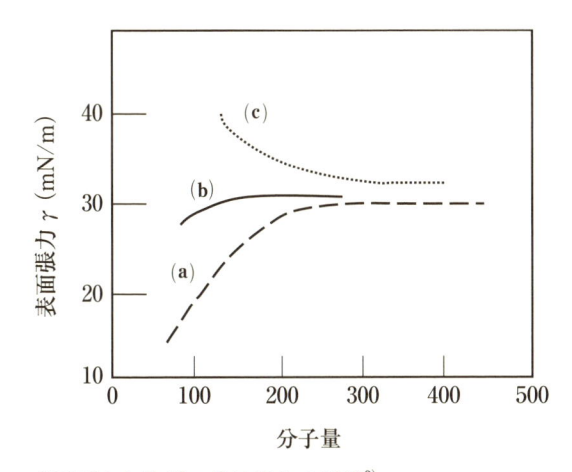

図3.10 表面張力と物質の分子量との関係[3].
(a)アルカン系，(b)アルキルベンゼン系，(c)アルキルナフタレン系.

3.6 ラプラス圧力と毛管長[1]

　水の中の油を考える（**図3.11**）．ドレッシングのように油は球形の滴になる．油と水の境界を動かす際に外に対して行う仕事は，体積変化と表面積変化から以下のように記述できる．

$$dW = -pdV + \gamma dA \tag{3.51}$$

図3.11 水の中の油[1].

ただし，p は圧力，V は油滴の体積，A は油滴の表面積，γ は水と油の界面張力である．

油滴の半径を r とすると，$dV=4\pi r^2 dr$，$dA=8\pi r dr$ であるから平衡状態（$dW=0$）では

$$p=\frac{2\gamma}{r} \tag{3.52}$$

となる．つまり油と水の界面には，油滴にこのような圧力がかかっているのである．半径が小さいほど，つまり滴が小さいほど，この圧力は大きくなる．この圧力のことをラプラス（Laplace）圧力という．系の中での圧力の差は化学ポテンシャル[*5]の差と同等であるため，この式は小さい滴は大きな滴に比べてより不安定であることを意味する．このことは小さな滴が過剰な圧力のため大きな滴に吸収される，オストワルド（Ostwald）成長と呼ばれる現象を引き起こす（**図 3.12**）．

(3.52)式の拡張により，**図 3.13** の点 O のような 2 つの異なる曲率（R_1,

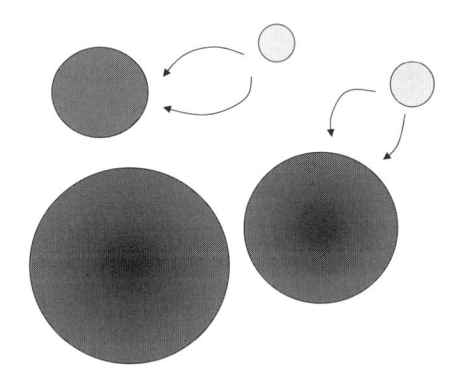

図 3.12 Ostwald 成長．

[*5] 化学平衡が成り立つ系において，構成成分 i の 1 mol がもつ Gibbs 自由エネルギーのことを i の化学ポテンシャルと呼び，記号 μ_i で表す．μ_i は系の温度 T と i の活量 a_i に関する量で，$\mu_i(T, a_i) = \mu_i^0(T) + RT\ln a_i$ で表される．活量は気相を含む系では分圧 p（1 気圧を基準）で置き換えることができる．

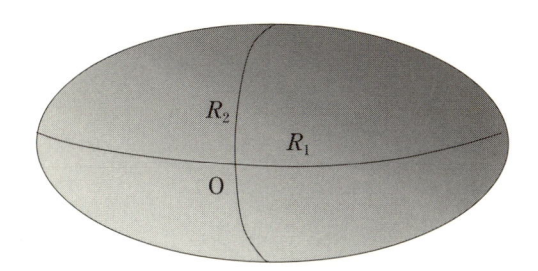

図 3.13 2つの異なる曲率を持つ表面.

R_2) の表面を介して作用する Laplace 圧力は次式で表される.

$$p = \gamma\left(\frac{1}{R_1} + \frac{1}{R_2}\right) \tag{3.53}$$

凹面のとき,曲率 R は負であるから,2枚の板や,髪同士,あるいは繊維同士が濡れると毛管架橋で接着してしまうのはこの圧力による.薄い2枚のガラスに挟まれた水膜を考えよう.

この膜には**図 3.14** に示すような方向に Laplace 圧力が働いている.液面は凹面で $r<0$ であるので,$-r\cos\theta = H/2$ と書ける.このためその液膜の毛管架橋の半径を R,液膜厚さを H,水の接触角を θ とすると,$H \ll R$ の場合,Laplace 圧力は

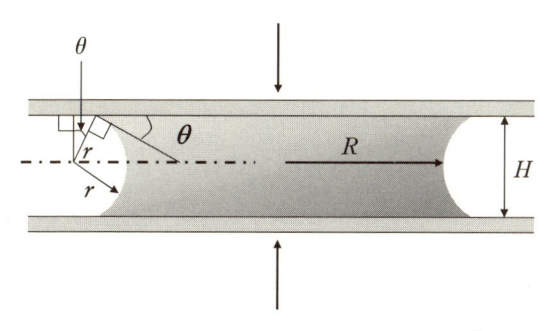

図 3.14 薄い2枚のガラスに挟まれた水膜[1].

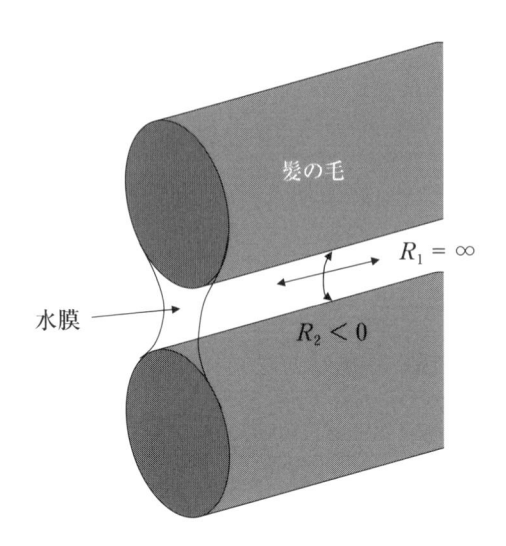

図 3.15 髪の毛に挟まれた水膜．

$$p = \gamma\left(\frac{1}{R} - \frac{\cos\theta}{\frac{H}{2}}\right) = -\frac{-2\gamma\cos\theta}{H} \tag{3.54}$$

となる．上式より接触角が 90°を境にして，圧力の向きが逆転することが分かる．髪の毛の場合の例を**図 3.15**に示した．

液体には表面張力と重力が常に作用している．濡れや液滴の転落といった現象の理解には，両者の効果を考える必要があり，どちらの効果がより顕在化するかは毛管長 ℓ で考える．これは液体の深さ ℓ に潜ったときにかかる静水圧 $\rho g \ell$ と Laplace 圧力 (γ/ℓ) が等しいとして得られる値であり

$$\ell = \sqrt{\frac{\gamma}{\rho g}} \tag{3.55}$$

で表される．水の場合でこの値はおおむね 2 mm 程度となる．液滴の大きさがこの値以下の場合は，表面張力の効果が支配的になり，重力の影響はおおむね無視できる．したがって，**図 3.16**に示すように液の量が多くなってくると，端部から毛管長の長さ分は表面エネルギーの相対関係から接触角をなす形状に

3.6 ラプラス圧力と毛管長

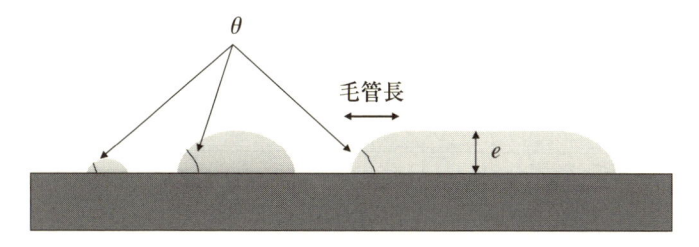

図 3.16 液量が異なる場合の水滴の形状[1].

なるが，それ以上の部分は均一な厚みの液膜となる．着液半径が毛管長より充分小さい液滴では，重力の影響が無視できるため内部の圧力は一定と見なせるが，着液半径が毛管長より大きい液滴では，重力の効果が支配的になり，その結果，上部は平らになる．この場合，平らな部分の液膜の厚さを e とすると

$$表面張力 = \gamma_{SV} - (\gamma_{LV} + \gamma_{SL}) = \gamma_{LV}(\cos\theta - 1) \tag{3.56}$$

$$静水圧 = \int_0^e \rho g(e-z)dz = \frac{\rho g e^2}{2} \tag{3.57}$$

と書けるので，この和がゼロであるとすると e は以下のようになる（**図 3.17** 参照）．

$$e = 2\ell \sin\left(\frac{\theta}{2}\right) \tag{3.58}$$

ここで，ℓ は (3.55) 式で与えられる毛管長，θ は接触角である．接触角が小さいほど液膜は薄くなる．液体がコップやグラスの壁に接触する部分で，液体-

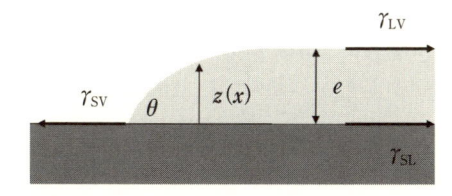

図 3.17 毛管長を超える液滴に作用する力[1].

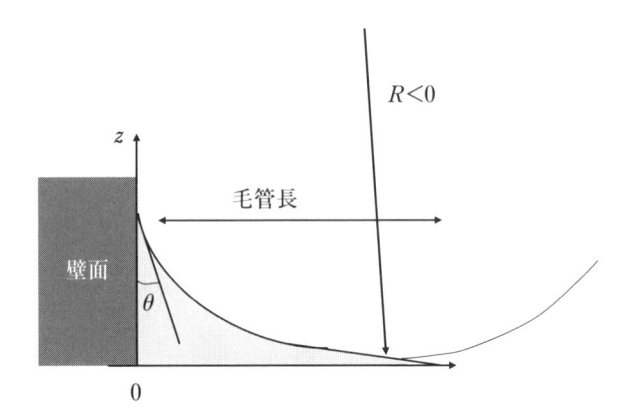

図 3.18 濡れ傾向を持つ表面のメニスカス．

気体界面が湾曲してメニスカスを形成することはよく知られている．これは，外圧を p_0，湾曲した曲率を $R^{-1}<0$，遠方の水面から測った水面の高さを z とすると，表面のすぐ下では静水圧と Laplace 圧が等しくなっているので（**図 3.18**），

$$p_0 + \frac{\gamma}{R} = \rho_0 - \rho g z \tag{3.59}$$

と書くことができる．(3.59)式は $-Rz = \ell^2$ と書ける．ただし ℓ は毛管長である．毛管長は重力の 1/2 乗に反比例するので，重力が少なくなると R の絶対値が大きくなることを意味している．

3.7　固体の静的濡れ性の測定方法[1,7,19]

接触角の測定には接触角計を用いる方法とそれ以外の方法に分けられる．それぞれいくつかの方法があるが，基本的には固体上の水滴や固液界面の形状をカメラや望遠鏡などで観察し，接点を決め，そこに接線を引くことで固体と液体との接触面での角度を読むことになる．今日では固体表面の液滴の状態をカメラを通じて画像として取り込むことが可能になっている測定装置が多い．

3.7 固体の静的濡れ性の測定方法

接触角計を用いる方法の場合，液滴を固体表面に載せた画像から接触角を求めるが，液滴の曲面は重力の作用（自重）により変化するため自重による「つぶれ」の効果を小さくするには，測定に用いる液滴の大きさは水の場合で 2 mm 程度以下にする必要がある．

代表的な測定手法には接線法と $\theta/2$ 法がある．

接線法は液滴の映像を側面から望遠鏡で観察し，三重線（固体-液体-気体がなす界面で，望遠鏡で得られる 2 次元画像では点に見える）から，液滴の形状に合わせて液体と気体の界面が形成する曲線に対して接線を引き，接触角を直接求める方法で，簡便ではあるが実験誤差や個人差が生じやすい．最近はこの側面からの液滴画像をコンピュータに取り込み，**図 3.19** のように円周に沿って左右から何点かマーキングし（この作業は誤差が少ない最適位置で自動的に行われる），円弧を仮定して円の中心を自動的に求めて固-液接点の接触角を自動計算するシステムがあり，この手法では格段に精度が上がる．図では L1, L2, L3 からそれぞれ水滴の左側の内接円の半径とその中心位置 M1 を自動計算し，L1 と M1 から接線 m を求め，その傾きから左端の接触角を求める．同

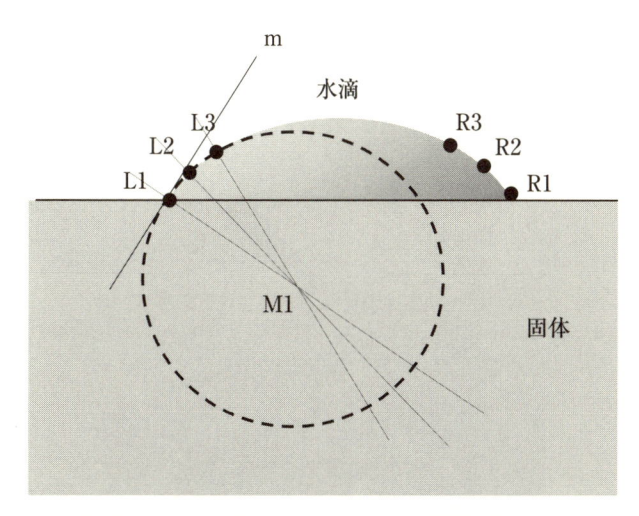

図 3.19 円弧を仮定した固液接点の接触角計算[19]．

様に右側も R1, R2, R3 から右側の接触角を求め，左右の接触角の平均を取ってその系の接触角とする．

$\theta/2$ 法では液体の外周を円と仮定し，図 **3.20** に示すように固体上の液滴の両端から半径 r と高さ h を算出する．

TO, TP を液滴の曲率半径とすると，△TOQ と △TPQ は合同であるから∠SQO と∠SQP は等しい．PQ と固体表面は平行なので，∠SUO＝∠SQP となり，△QUO は二等辺三角形となる．したがって∠UOS(θ_1)＝∠QOS となるので，$\theta=\theta_1+\angle$QOS であるから $\theta_1=\theta/2$ となる．

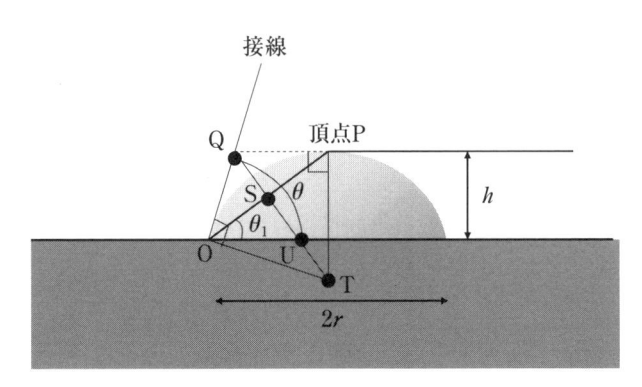

図 3.20 $\theta/2$ 法[19]．

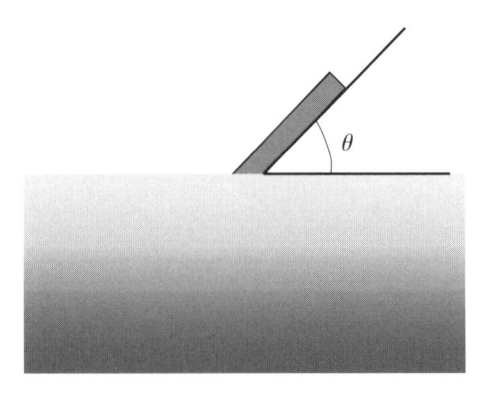

図 3.21 接触角計を用いない接触角の測定[7]．

3.7 固体の静的濡れ性の測定方法

$$\tan\theta_1 = \frac{h}{r} \tag{3.60}$$

接触角計を用いなくても接触角を測定する手法がある．その例を**図 3.21**に示す．この図は接触角 θ が 90°以下の場合の例である．液中に垂直に支持した板を徐々に傾けていき，板と液が形成するメニスカスが水平になる角度を探す．この角度を読むことで接触角を測定できる．また，液中の板を引き上げる際の張力を実測すれば板にかかる力は液の表面張力を γ_{LV} とすれば $\gamma_{LV}\cos\theta$ となるので，液体の表面張力が既知ならばこの手法でも接触角を計算することができる．

第3章 参考文献

（1） ドゥジェンヌ，ブロシャール・ビィアール，ケレ：奥村剛訳，"表面張力の物理学-しずく，あわ，みずたま，さざなみの世界-"，吉岡書店，pp. 1-66, pp. 85-104（2003）
（2） 目黒謙二郎監修，"コロイド化学の進歩と実際"，日光ケミカルズ，pp. 343-479（1987）
（3） 井本稔，"表面張力の理解のために"，高分子刊行会，pp. 1-162（1993）
（4） 技術情報協会編，"超親水・超撥水化技術"，pp. 3-67（2000）
（5） 吉満然，修士論文"粗さの組み合わせによる高性能超撥水表面の設計と評価" 東京大学大学院 工学研究科 応用化学専攻（2001年3月）
（6） 渡辺信淳，渡辺昌，玉井康勝，"表面および界面"，共立出版，pp. 72-81, pp. 101-121（1988）
（7） 石井淑夫，小石眞純，角田光雄編，"ぬれ技術ハンドブック"，テクノシステム，pp. 1-54（2001）
（8） 押田勇雄，藤城敏幸，"熱力学"，掌華房，pp. 162-165（1998）
（9） J. Girifalco and R. J. Good, *J. Phys. Chem.*, **61**, 900（1957）
（10） アトキンス：千原秀昭，中村亘男訳，"物理化学（下）第6版"，pp. 715-724（2002）
（11） F. M. Fowkes, *Ind. Eng. Chem.*, **56**, 40（1964）
（12） D. K. Owens and R. C. Wendt, *J. Appl. Polym. Sci.*, **13**, 1725（1969）
（13） 北崎寧昭，畑敏雄，日本接着協会誌，**8**, 123（1972）
（14） A. Nakajima, M. Hoshino, J-H. Song, Y. Kameshima and K. Okada, *Chem. Lett.*, **34**, 908（2005）
（15） S. A. サフラン：好村滋行訳，"コロイドの物理学"，吉岡書店，pp. 166-171（2001）
（16） W. A. Zismann, *Ind. Eng. Chem.*, **55**, 18-38（1963）
（17） T. Nishio, M. Meguro, K. Nakamae, M. Matsushita and Y. Ueda, *Langmuir*, **15**, 4321（1999）
（18） 井本稔，日本接着協会誌，**24**, 395（1988）
（19） 協和界面化学株式会社製 SA-X 接触角測定装置取り扱い説明書

4

固体表面の状態と静的濡れ性

4.1 表面エネルギーの分布効果

　一般に表面エネルギーの異なる 2 つの領域が，水滴の大きさよりも充分小さいレベルで表面にランダムに分布すると，その濡れ性は両者の表面比率に依存した値となる．このことは Cassie により示され，詳細は 4.3.1 項で記述する．

　ガラスの表面に高耐久の撥水加工を施すにはシランカップリング剤が用いられる．これは図 4.1 に示すような構造をしており，様々な長さや組成の有機鎖を有し，ガラス表面の OH 基と Si の先端についた図中の X の部分（メトキシ基や塩素基）が直接，あるいはそれらが水酸基に加水分解された後，脱水縮合する形で結合する．

　一般に有機鎖にフッ素を多く含むものはフッ素を含まないアルキル系のものに比べて撥水性が高い．

　フッ素系のシランを無機表面にコーティングし，その一部を図 4.2 のように線状に紫外線でエッチングすると有機部分が酸化分解され，シランのアンカー部分がシリカ(SiO_2)として残り，その部分が親水的になる．この表面では親水

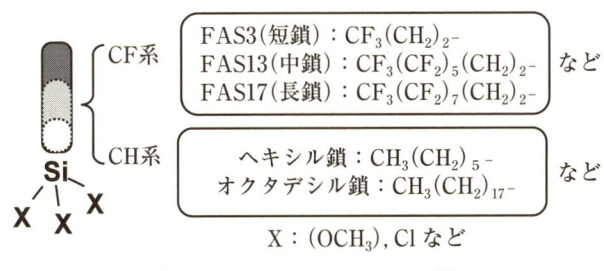

```
       ┌ CF系   ┌ FAS3(短鎖)  ：$CF_3(CH_2)_2-$    ┐
       │        │ FAS13(中鎖) ：$CF_3(CF_2)_5(CH_2)_2-$ │ など
       │        └ FAS17(長鎖) ：$CF_3(CF_2)_7(CH_2)_2-$ ┘
  Si ──┤
  /|\  └ CH系   ┌ ヘキシル鎖   ：$CH_3(CH_2)_5-$   ┐ など
 X X X          └ オクタデシル鎖：$CH_3(CH_2)_{17}-$ ┘

                X：$(OCH_3)$, Cl など
```

図 4.1　シランカップリング剤．

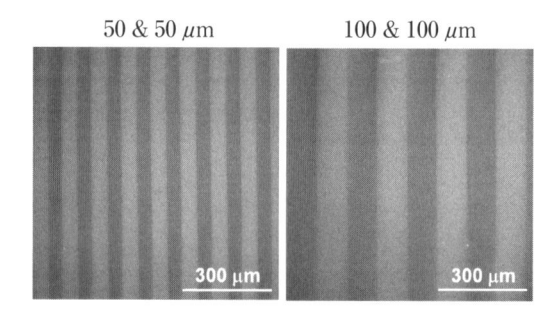

図 4.2 フッ素系シランをコーティングしたシリコンに対し,マスクを通して紫外線照射することにより部分的に分解除去して得られた表面エネルギーのパターニング.

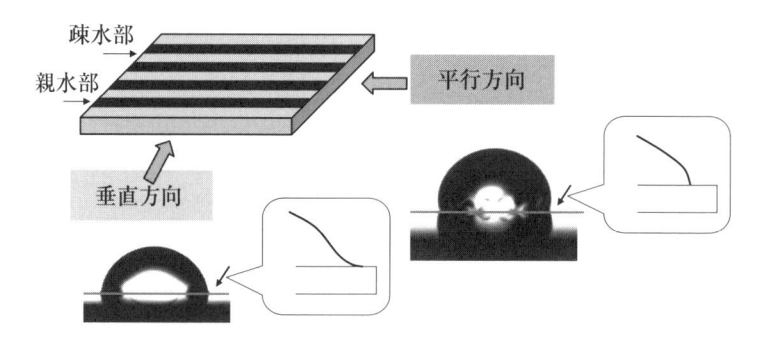

図 4.3 パターニングした表面での水滴の形状.
線を引いたところが固-液界面.液滴の像が反転して固体側に写り込んでいる.平行方向から見た液滴は矢印のところが撥水性のラインで止まるため立っているが,垂直方向から見た液滴は矢印の端点が親水領域に引っ張られて流れている.

部と疎水部がパターン状に形成されている.このような表面では液滴を見る角度により接触角が異なる(**図 4.3**).これはより撥水性の高い部分との境界で液滴の周辺がピン止めされることにより水滴の形状が変わるためである.

この表面に 2 mm 程度の水滴を置くと,パターンのラインとスペースが小さいうちは三重線が見かけ上,円形になるが,それらが数百ミクロン以上になる

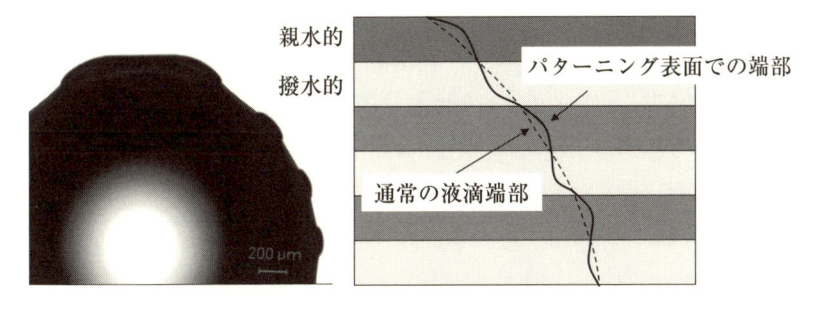

図 4.4 パターニングした表面での水滴の端部の凹凸．

と，図 4.4 のような複雑な形状が観察できる（数百ミクロン以下の場合，液体の表面張力のために，三重線に沿った凹凸の振幅が小さくなり，このような三重線の変形は顕著でなくなる）．これは親水部と疎水部とで三重線の曲率の正負が変わるためで，パターンのラインとスペースが小さい場合でもその周囲の形状を詳細に観察すると微妙な凹凸が見られる．水滴の場合，表面内のナノレベルの微小な欠陥は，少数であっても後述するように転落角には顕著に影響する．しかしながら接触角への影響は，欠陥密度が小さい場合は大きくない．

第 1 章で記述したように，酸化チタン（TiO_2）は 380 nm 以下の光照射により水との接触角がほぼ 0° の超親水化状態を示すことが知られている[1]．酸化チタンの多結晶薄膜での光誘起親水性はナノサイズの粒子が様々な結晶方位でランダムに配置していることにより粒子間で親水化速度にバラツキが生じ，親水化した領域とまだ親水化していない領域が混在する状態を経由することから，これが 2 次元のキャピラリー効果を生むとされている．このような面では油も超親油状態になることが知られており，親水性と疎水性を組み合わせることで高度な親水性（超親水性）や，水にも油にも接触角がゼロになる両親媒性が発現する[2]．

この現象を利用すると，酸化チタンの高度な親水性を紫外線照射を停止してからも長期間維持することができる．酸化チタンは単独では，光照射を止めると通常数時間程度で水接触角が 30° 付近まで疎水化するが，酸化チタン薄膜に縞状にシリカを組み合わせると親水性の維持性が向上することが知られてい

シリカはシラノールと呼ばれる，他の酸化物よりも安定な OH 基を有しており，それ自体で高い親水性を長時間維持する性質を持つ．このシリカを一定量，酸化チタン膜に組み合わせると，日中の太陽光下で酸化チタンが親水化し，光遮断後酸化チタンが疎水化してもシリカが親水性を持続するため，先に述べた 2 次元のキャピラリー効果を保持できる[3]．この組み合わせは光照射による酸化チタンの高度な親水性を夜間でも持続させる技術として，すでにミラーやタイルなど各種の工業製品に応用が進んでいる．

4.2 長距離力の効果[4]

固体表面に厚さ e の液体薄膜が形成されているとき，この膜が厚ければ表面のエネルギーは $\gamma_{SL}+\gamma_{LV}$ になるが，膜厚がゼロに近づくと $\rightarrow \gamma_{SV}$ となる．膜の厚さがこの中間の段階では，表面エネルギーは $\gamma_{SL}+\gamma_{LV}+P(e)$ と定義できる．ただし，$P(\infty)=0$，$P(0)=S$（拡張係数）$=\gamma_{SV}-\gamma_{SL}-\gamma_{LV}$ である．

面積一定の液体薄膜では厚みが de だけ変化した場合，単位面積あたりの分子数 N の増加は $dN=de/V$ で与えられる．ただし V は分子が占める体積である．

化学ポテンシャルを μ とするとポテンシャル変化は次のように書ける．

$$\mu dN = \mu_0 dN + \frac{dP}{de}de = \mu_0 dN - \Pi(e)de \tag{4.1}$$

この $\Pi(e)(\equiv -dP/de)$ のことをデルヤギン（Derjagin）の分離圧と呼ぶ．分離圧は厚さを e にしておくために加えておかなくてはならない圧力である．化学ポテンシャルとの関係は以下のようになる．

$$\mu = \mu_0 - V\Pi(e) \tag{4.2}$$

分離圧を決定するには**図 4.5** に示すように薄膜の鉛直壁上昇を調べればよい．壁が完全に濡れるものであれば，液体は壁を一定の高さまで上昇して濡らす．液体分子 1 つの質量を m，上昇高さを z とすると，釣り合いでは化学ポテン

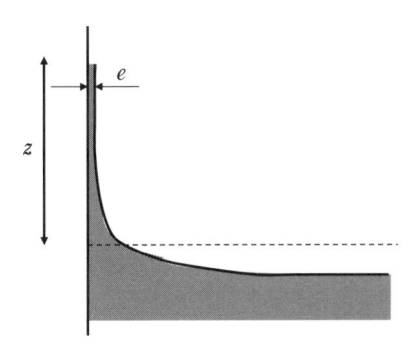

図 4.5 液体薄膜の鉛直壁上昇[4].

シャルは一定なので

$$\mu = \mu_0 - V\Pi(e) + mgz = \mu_0 \tag{4.3}$$

となり，

$$\Pi(e) = \frac{mgz}{V} = \rho g z \tag{4.4}$$

一方，分子数が固定のまま面積が dS_0 変化した場合は体積が保存されるので

$$\frac{dS_0}{S_0} + \frac{de}{e} = 0 \tag{4.5}$$

系のエネルギーは

$$E = S_0 \{\gamma_{\mathrm{LV}} + \gamma_{\mathrm{SL}} + P(e)\} \tag{4.6}$$

であるから，その微小変化分は

$$dE = \{\gamma_{\mathrm{LV}} + \gamma_{\mathrm{SL}} + P(e)\} dS_0 - S_0 \Pi(e) de \tag{4.7}$$

で与えられる．したがって表面張力は(4.5)式を使うと，

$$\gamma(e) = \frac{dE}{dS_0} = \gamma_{\mathrm{LV}} + \gamma_{\mathrm{SL}} + P(e) + e\Pi(e) \tag{4.8}$$

薄膜中での van der Waals 力による相互作用エネルギー計算から，$P(e)$ は以下のように計算できる（計算過程は煩雑なので省略する．詳細を知りたい方は参考文献(4)の p.93 を参照されたい）．

$$P(e) = \frac{A}{12\pi e^2} \qquad (4.9)$$

ここで A は Hamaker 定数である．

$P(e)$ は分子間距離程度の短い区間でのみ作用するのではなく，実際にはそこそこ長距離まで作用する．例えば固体と液体の分子同士に van der Waals 力が作用し合っている場合，$P(e)$ は $1/e^2$ で緩やかに減少していく．

(4.1)式から，$\Pi(e) \equiv -dP/de$ であるから，(4.9)式から $\Pi(e)$ を計算すると

$$\Pi(e) = A/(6\pi e^3)$$

となる．この結果は $\rho g z$ に等しい（(4.4)式参照）ので，

$$e^3 = A/(6\pi \rho g z)$$

となる．(3.55)式で与えられる毛管長 ℓ をこの式に入れると

$$e^3 = A\ell^2/(6\pi \gamma z) \qquad (4.10)$$

前述の鉛直壁上昇高さ(z)が 1 m，毛管長を 1 mm，Hamaker 定数の典型的な値を kT ($\equiv 4.1 \times 10^{-20}$ J) とすると，e は約 3 nm になる．A はたいていの場合，温度に無関係である．固体の表面からこの程度（約 3 nm）までの液体は固体から van der Waals 力の影響を受ける可能性があることになる．固体基板が液体にさらされている場合，第 2 章で記述したように帯電が生じ，電気二重層が形成される．この静電気力の到達距離は Debye-Hückel 変数（2.3.1 項参照）で記述される．

純水の場合，電気二重層による静電的相互作用の到達距離は 10 nm 程度まで及ぶ（誘電率 ε の低い有機溶媒の場合はより薄い）．また固体表面に高分子

4.2 長距離力の効果

が吸着する溶液の場合は，$P(e)$ は高分子1分子の大きさ程度まで影響するとされている．

これらの長距離力の結果，不完全な濡れの場合，三重線の近傍で液膜が薄い領域では液体が変形する．この変形が起きる大きさはナノメータ程度であり，マクロな実測では影響は無視できる．基板へのコーティング物質の厚さは，本章の冒頭で述べたシランカップリング剤（図4.1参照）のような単分子膜の場合，10 nm を超えるような厚さは得られにくいことから，下地（基板）からの影響が固体と接している液体分子にも及ぶことになり，結果的に濡れやその動力学的挙動に影響を与えることになる．固体-液体界面に存在する液体分子には，このような薄い膜の場合，いわばその下地も「見えている」といえよう．

以上の議論は親水表面に関するものであり，撥水表面の場合は界面エネルギーにさらに液滴の重力成分を考慮しなくてはならない．液膜の厚みの関数としての薄膜の自由エネルギー $F(e)$ を考えると，液膜が厚い場合，$F(e)$ は界面エネルギーと重力エネルギー（(3.57)式参照）の和であり，

$$F(e) = \gamma_{\mathrm{SL}} + \gamma_{\mathrm{LV}} + \frac{1}{2}\rho g e^2 \tag{4.11}$$

液膜が薄い場合，

$$F(e) = \gamma_{\mathrm{SL}} + \gamma_{\mathrm{LV}} + P(e) + \frac{1}{2}\rho g e^2 \tag{4.12}$$

$P(e)$ が Hamaker 定数で記述されるのは同じである．e は撥水表面での臨界厚

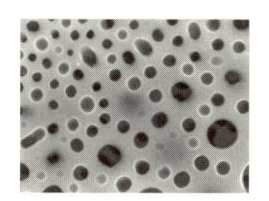

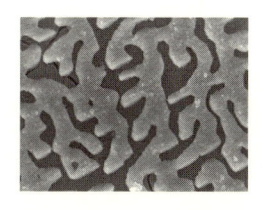

図4.6 TiO_2-SiO_2 系融液のツインロールによる急冷で得られた核生成・成長型分相(左)とスピノーダル型分相(右)．写真は SiO_2 成分をエッチングにより除いてある（東京工業大学 勝又健一氏撮影）．

さである．液膜が厚い場合は重力による水圧が支配的であるが，薄い場合は長距離力の影響が大きくなるため撥水の挙動も異なる．前者では撥水する際，乾いた領域の生成が必要で，この領域がある臨界値を超えると広がっていく過程をとることが知られている．この過程は核生成・成長型分相に類似していることから核生成・成長型撥水と呼ばれる．一方，後者は液膜が自発的にいくつもの滴に分かれ独特の模様になる．この過程はスピノーダル型分相に類似していることからスピノーダル型撥水と呼ばれている（**図 4.6**）．

4.3　表面構造と濡れ

4.3.1　Wenzel の式と Cassie の式

以下，本章では表面粗さと濡れとの関係について記述するが，そのスケールは液滴の大きさよりも粗さが充分に小さいものとする．

1) Wenzel の式

Wenzel は，粗い表面においては単位面積あたりの界面自由エネルギーは，粗くなることによる表面積の変化に応じて増大するという概念をもとに，Young の式を変形した次式を提示した[5]．

$$\text{Wenzel 式：} \quad \cos\theta' = \frac{r(\gamma_{SV}-\gamma_{SL})}{\gamma_{LV}} = r\cos\theta \tag{4.13}$$

ここで，θ, θ' はそれぞれ平滑面，粗い表面での接触角の値である．また r は見かけの表面積に対する実際の表面積の割合で 1 以上の値をとり，以降，本書中では表面積比と記す．このパラメータは表面の粗さを示すものであり，Wenzel のラフネスファクターと呼ばれることがある（この値は算術表面粗さとは異なるので混同しないよう注意すること）．

この Wenzel 式から，平滑面での接触角が $\theta<90°$ である場合は，粗い表面ではその表面積の増大によって接触角の値は小さくなり，逆に平滑面での接触角が $\theta>90°$ である場合は，粗い表面での液体の接触角の値は大きくなるということが分かる．換言すると，表面粗さによって濡れやすい表面はより濡れや

4.3 表面構造と濡れ

すくなり，濡れにくい表面はより濡れにくくなる．例えばガラスの表面は一般に接触角が30°程度であるが，表面に粗さを持ち光が散乱することで透過性が失われたスリガラス上では，水の接触角は5°以下になる．図 4.7 に，辻井らによるアルキルケテンダイマー表面での水-ジオキサン混合溶媒の接触角を示す[6,7]．横軸は水-ジオキサンの混合比である．ジオキサンは水と相溶性があり，比重や蒸気圧もほぼ水に等しいが，表面エネルギーは有機物のため水より低い．このため水とジオキサンの混合溶液はその比率に応じて表面エネルギーが低下する．このような液体を用いると平滑な面での場合に比べ微細構造を持った表面では接触角 90°付近の上下でそれぞれ親水性，撥水性が強調されていることが分かる．

ただし，この式では粗さが大きくなって表面積比が増加すると $\cos\theta'$ の絶対値が1を超えてしまうため，適用範囲に限界がある．一般に比較的粗さの小さい範囲でこの式はよく成り立つ．本書中では Wenzel の式で記述される接触角の変化を Wenzel モードと記述する．

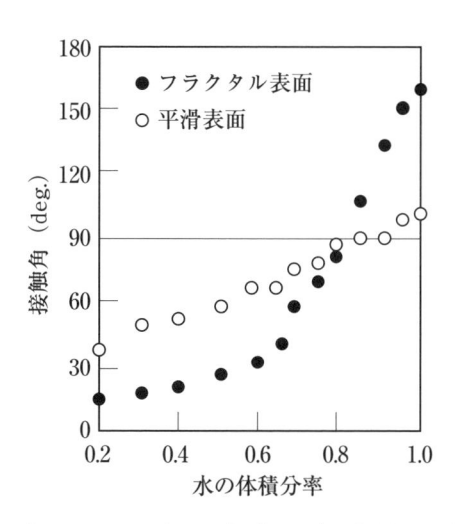

図 4.7 アルキルケテンダイマー表面での水-ジオキサン混合溶媒の接触角[7]．

2) Cassie の式

Cassie は，図 4.8 で示すように，接触角 θ_x, θ_y の 2 種類の表面 x, y が面積比 $f:(1-f)$ で構成されている平面での接触角 θ' について，次の考えを提唱した[8]（図 4.8 中では影をつけた部分を表面 x，白抜きの部分を表面 y としている）．

各界面自由エネルギーを
- 固体 x-液体間：γ_{xL}
- 固体 x-気体間：γ_{xV}
- 固体 y-液体間：γ_{yL}
- 固体 y-気体間：γ_{yV}
- 液体-気体間：γ_{LV}

とすると，図 4.8 における全界面自由エネルギー $\Delta E'$ は

$$\Delta E' = f\gamma_{xL} - f\gamma_{xV} + (1-f)\gamma_{yL} - (1-f)\gamma_{yV} \tag{4.14}$$

となること，および x, y それぞれについて Young の式を適用して，

$$\cos\theta_x = \frac{\gamma_{xV} - \gamma_{xL}}{\gamma_{LV}}$$

$$\cos\theta_y = \frac{\gamma_{yV} - \gamma_{yL}}{\gamma_{LV}} \tag{4.15}$$

となる．これを用いて，

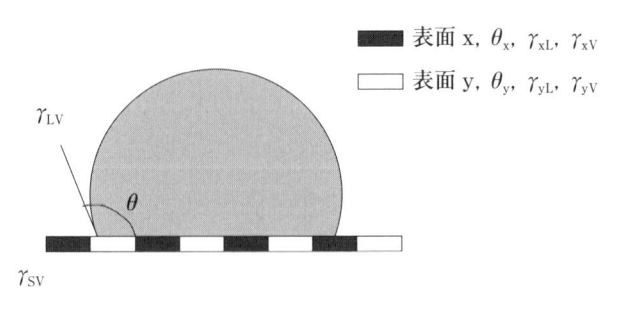

図 4.8 Cassie の式の仮定．

4.3 表面構造と濡れ

$$\cos\theta' = -\frac{\Delta E'}{\gamma_{LV}} = -\frac{f(\gamma_{xL}-\gamma_{xV})+(1-f)(\gamma_{yL}-\gamma_{yV})}{\gamma_{LV}}$$
$$= f\cos\theta_x + (1-f)\cos\theta_y \tag{4.16}$$

という関係を導いた．

ここでは単一表面において

$$\Delta E = \gamma_{SL} - \gamma_{SV} = -\gamma_{LV}\cos\theta \tag{4.17}$$

となる．つまり

$$\cos\theta' = -\frac{\Delta E}{\gamma_{LV}} \tag{4.18}$$

となることを用いている．

Cassie はその報告の中で，撥水性固体表面において一方の表面（ここでは y）を空気とした場合，空気中では液体は接触角 180° の球になるという仮定から，

$$\cos\theta' = f\cos\theta + (1-f)\cos 180° = f\cos\theta + f - 1 \tag{4.19}$$

という式を提示している．この考えは撥水性固体表面に粗さを付与していくと，液体を着滴させた場合，その界面には空気を噛み込み，表面は固体と空気の複合構造になることを示しており，後に述べる超撥水表面を作製する上での重要な知見である．

撥水加工された衣料品では繊維自体が持つ粗さにより撥水性が強調されるため，水がコロコロ転がる超撥水状態が得られやすい．ただしこの考え方には 2 つの相がランダムに分布している，という前提がある．したがって，図 4.2 のラインパターニングのような方向性を持った分布では，この式は特定の方向から見た場合にしか成立しない．本書中では Cassie の式で記述される接触角の変化を Cassie モードと記述する．

Johnson, Jr. と Dettre は，余弦カーブを y 軸周りに回転させたレコード盤状の粗さを有する撥水性表面を仮定し，モデル粗さのカーブと水面がなす角が当該表面のカーブが平滑であった場合の接触角と等しくなった時点で，空気を噛むことができると仮定することから，余弦カーブの振幅と周波数を変えることで粗さを変えて撥水性の変化を計算した（**図 4.9**)[9]．

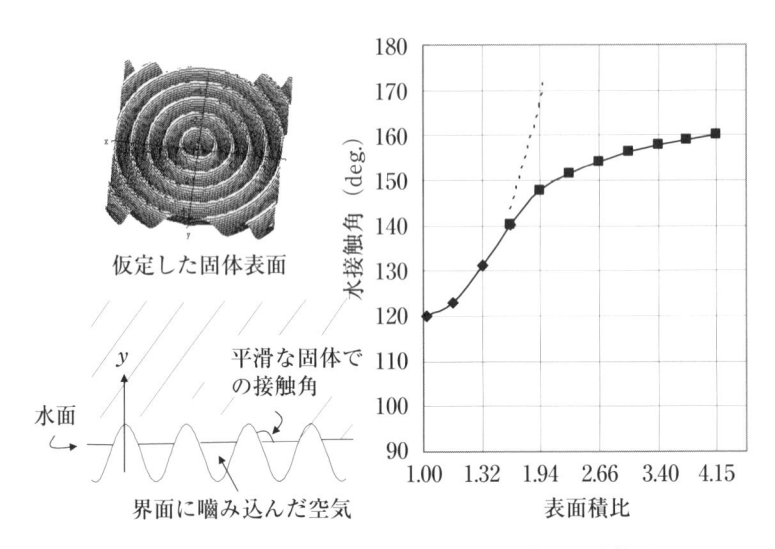

図 4.9 Johnson, Jr. らのモデルとそれに基づく計算例.
平滑面接触角が 120°の場合.

　その結果，固体表面の粗さを増大させていくに従って接触角が増大し，表面上の液体との界面にある粗さ以上で空気を噛み込み始め，その撥水性は粗さの増加に伴い，Wenzel モードで記述される領域から Cassie モードで記述される領域へと変化することを示している．この傾向は実験的にも確認されている．

　このほかにも表面の「撥水性」と表面粗さの関係についての，モデル微構造を用いた検討は，Bayramli と Mason による微細溝を用いた検討[10]，加藤らによる NC 旋盤により作製したレコード盤型モデル構造を用いた検討[11]，Chen らによる Sn-Bi ハンダをサンドペーパーにより溝状に加工した表面での検討[12]，また，Quere らによる鋳型を用いて作製した柱状突起が多数面内に並んだ構造での理論計算と実験値との比較[13]などがある．

　Wenzel のモデルと Cassie のモデルと Young のモデルとの関係を**図 4.10** にまとめて示す．

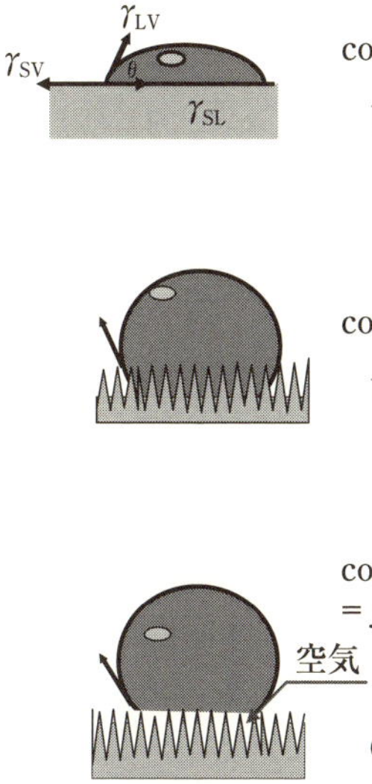

4.3 表面構造と濡れ

$$\cos\theta = \frac{\gamma_{SV} - \gamma_{SL}}{\gamma_{LV}}$$

Young の式

$$\cos\theta' = \frac{r(\gamma_{SV} - \gamma_{SL})}{\gamma_{LV}}$$

Wenzel の式

$$\cos\theta' = f\cos\theta + (1-f)\cos 180°$$
$$= f\cos\theta + f - 1$$

Cassie の式

図 4.10 Young のモデル，Wenzel のモデル，Cassie のモデル．

4.3.2 形状効果とフラクタル性

　固体表面の粗さは平滑表面との表面積比 r が大きいほど強調される．この観点から表面をフラクタル構造にすることは有効である．フラクタルとは（数学的には，より厳密な定義があるが），自己相似性を持ち，非整数次元を持つ図形の総称である．理想的なフラクタル構造は無限に大きい表面積を有する．また粗さのスケールは数十 nm から数百 μm が常識の範囲であろう．数 nm 以下の粗さでは，粗さを含んだ表面でのエネルギーや張力の寄与は量子力学的な問題を考慮しなければならないし，数百 μm を超える粗さでは，4.3.1 項の冒頭で述べたような数 mm の大きさの液滴に対し充分に小さい粗さとはもはや呼べなくなり，液滴に対しては巨大な穴や溝のようなものになってしまう．
　自然界には実在するフラクタルには雲や海岸線の形状，山の稜線などがある．これらは近似的なフラクタルであり，自己相似性の成り立つ範囲には上限と下限がある．フラクタル表面での表面積比 r は，自己相似性の成り立つ上限

と下限の大きさをそれぞれ L, l とすると，以下のように表すことができることが知られている．

$$r=\left(\frac{L}{l}\right)^{D-2} \qquad (4.20)$$

ここで，D はフラクタル次元と呼ばれ，フラクタル図形の相似性の次元を示す量である（フラクタル図形が自分自身を a 分の1にした図形 b 個から構成されているとき，その次元 D は $(\log b/\log a)$ となる）[6]．

フラクタル構造体を有する表面形状が，表面撥水性を効果的に強調させることは理論，実験両面から証明されている．ここで注意すべき点は，完全にフラクタル構造の表面であれば r は無限大になり接触角は 180° になることから，フラクタルが成立する上限と下限の粗さを設定し，擬似フラクタル表面として議論をする必要があるということである．Hazlett[14] や Herminghaus[15] は，大きな粗さの中に小さな粗さが順次繰り返していく表面では，非常に高い撥水性が得られることをモデル計算から予測している．また，恩田らはアルキルケテンダイマーというワックスを用いて，水の接触角が 174° である超撥水表面を作製し，ボックスカウンティング法を用いた測定から，$0.2\,\mu m$ から $34\,\mu m$ の範囲でこの表面は $D=2.29$ のフラクタル次元を有する表面であることを報告している[6,16]．さらに彼らは，陽極酸化したアルミニウム表面をフルオロモノアルキルリン酸で処理した超撥水・超撥油性表面を作製し，この表面もフラクタル的であるとし，フラクタル次元 $D=2.19$ を算出している[17]．

佐々木らは，ミクロンオーダーの周期的な溝構造を有する高分子フィルム上にコロイダルシリカをコーティングすることでナノレベルの粗さを付与し，この2つの粗さが組み合わされることにより超撥水性を有する上に，背面から当てられる光の輝度を向上する性能を有するポリマーフィルムの作製に成功している[18]（**図 4.11**）．フィルム単独およびコロイダルシリカを用いたトップコーティング単独ではそれぞれ接触角で 100°～130° 程度の撥水性しかなく，それらを組み合わせることで高度な撥水性を実現している．これもフラクタル効果であるが，詳細な解析からそれぞれ単独の表面およびコーティングから見積もられる固体-液体界面での空気の噛み込み量の総和よりもこの2つを組み合わ

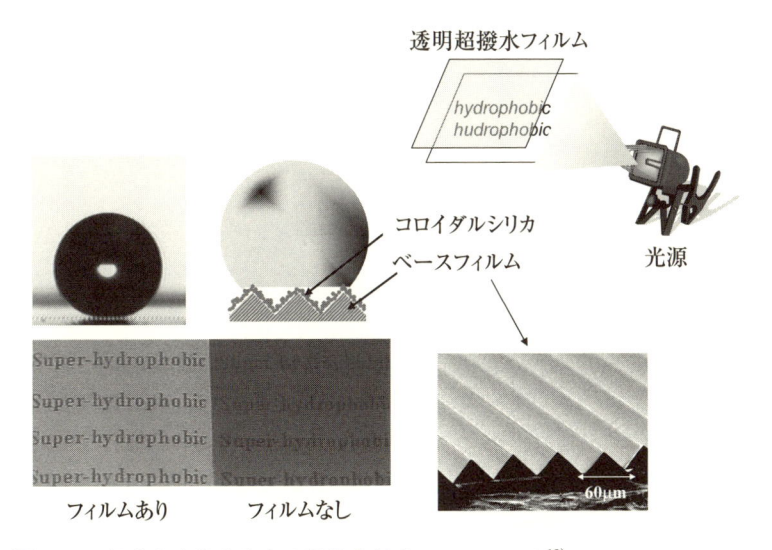

図 4.11 輝度向上能を有する超撥水ポリマーフィルム[18].
背面から入ってくる光の輝度を表面の凹凸で集めて向上させている．輝度の向上効果を得るには正面から一定の角度範囲で見ることが必要である．

せた表面では，より多くの空気を固体-液体界面で噛み込んでいることが明らかになっており[19]，単独のスケールの粗さと比べて，フラクタル的な粗さを有する表面においては非常に高い撥水性が得られることを示している．

表面粗さは算術表面粗さや表面積比により評価記述されるが，実際の濡れ性は表面粗さだけに依存するわけではなく，その形状にも大きく依存することが知られている．

中江らは溶融金属加工を用いて作製した，異なる大きさ（数百 μm オーダー）の球体が一面に最密充填したモデル構造と，ロッド状の金属が配列したイカダのようなモデル構造を用いて，表面構造と固体表面の撥水性の関係について検討している[20]．図 4.12 に彼らの用いたモデル微構造を示す．この検討で彼らは，まず球体充填モデル構造を用いた実験から，水面（液-気面）はある曲率を持っており，その曲率は用いている球の大きさの増加に従って変化していること，また，イカダ構造を用いた検討から，測定方向によって接触角に

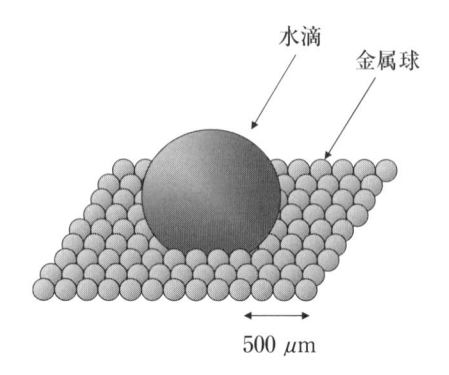

図4.12 中江らの半球モデル.

は異方性があることを確認している.

吉満らはシリコンウェハーにダイシングソーで溝を切り込み,そのピッチや深さを変えることで人工的に粗さを作製し,その上に撥水処理を行うことで表面の撥水性の増加と粗さの関係について検討している[21].その結果,表面積比の増加に伴い Wenzel モードをほとんど経ることなく Cassie モードに入ることを明らかにした(図4.13参照).これは矩形の粗さを持つ撥水性表面では底面の角部は本質的に濡れにくく,このため想定よりも容易に空気を噛み込むことができるためである.粗さの形状を工夫することで界面に空気を噛み込みやすくなる.この例は撥水の状態が,表面積比よりも,表面の形状により支配される,つまり r よりも f で決まる場合があることを示している.撥水固体表面の濡れ性に及ぼす「表面形状」の効果については,現時点では未だ充分な体系化に至っていない.

4.4 超親水性と超撥水性

固体表面に水を落としたとき,水滴が果てしなく広がっていきそのまま乾いてしまう状態,つまり接触角がほぼゼロの状態を超親水性と呼び,逆に水滴が丸くなってコロコロ転がってしまうような高度な撥水状態で接触角が極端に大

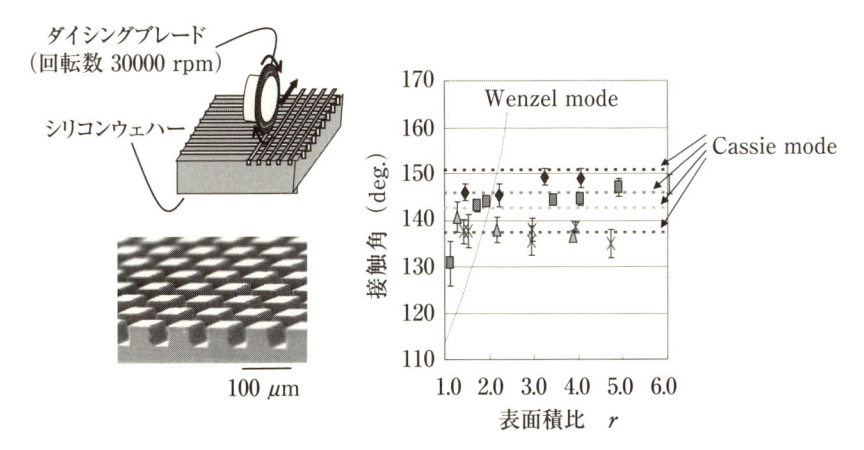

図 4.13 吉満らのサンプルと実験結果[21].
横軸は表面積比（ラフネスファクター），縦軸は接触角．実線は Wenzel mode, 点線は Cassie mode で計算した値．プロットは実測値．Wenzel mode から Cassie mode へ徐々に移行するのではなく，粗さの導入と共に急激に Cassie mode に入る．各プロットの違いは切り込んだ溝の間隔の違いに相当する．

きく 150° 以上となる場合を超撥水性と呼ぶ．超親水も超撥水も学術的な定義がなされている用語ではないが，おおむねこのような状況の表面，材料，性質を指す．

1) 超親水

　超親水はガラスや鏡など透明性や視認性が必要な部材への水滴や曇りの防止（曇りは微細な水滴が付着することによる光の散乱現象である）や帯電防止などの効果の他，油成分の汚れを落ちやすくする効果（油のついた超親水表面を水に入れると，超親水表面と油の界面に水が浸透して油を浮き上がらせて落ちやすくする）や，水冷装置の冷却効率を大幅にアップする効果も得られる[3]．

　固体表面の濡れ性は材料固有の性質であって，ある濡れ性の固体表面を長期間任意の値に制御することは一般に困難である．ガラスなどの表面を親水化するための技術としてこれまで界面活性剤を用いるものや多孔体，シラノール基

を用いるものなどが開発されてきていたが，いずれも長期間接触角を低く抑えることは成功していなかった．1990年代に入り渡部らは光半導体である酸化チタン（TiO_2）に紫外線を照射するとその表面が高度に親水化し，最終的には水接触角がゼロになり，その上に置いた水滴は果てしなく濡れ広がる事実を知見した．この現象は光誘起超親水性と呼ばれ，この発見により固体表面に対して従来技術よりも高耐久な超親水性の付与が可能になった（図1.4参照）．酸化チタンは，間欠的な光照射さえあれば高度な親水性が長期間発現される初めての材料であり，急速な実用化につながっている．ただし酸化チタンの光誘起超親水性の発現機構については現在もまだ不明な点が多い．

2） 超 撥 水

先に述べたように固体表面の吸着分子や汚れの影響が無視できる場合，平滑表面のマクロな濡れ性は以下のようにYoungの式により記述される．

$$\cos\theta = \frac{\gamma_{SV} - \gamma_{SL}}{\gamma_{LV}} \tag{4.21}$$

ここで，γ_{SV}, γ_{SL}, γ_{LV} は固体-気体，固体-液体，液体-気体間の表面（界面）自由エネルギーであり，θ は接触角である．一方，固体平滑表面での付着濡れによる仕事から接触角については以下のような関係式が得られる．

$$\cos\theta = 2\varPhi\sqrt{\frac{\gamma_{SV}}{\gamma_{LV}}} - 1 \tag{4.22}$$

$\varPhi$ は補正係数で，多くの固体-液体の組み合わせで1程度，もしくはそれ以下の値を持つ．今日までに得られている最も低い固体の表面エネルギーはCF_3末端を並べた表面で，その値は約 6×10^{-3}（J/m^2）である[22]．$\varPhi$ を1とし，水の γ_{LV}（72.8×10^{-3}（J/m^2））を上式に代入すると接触角は115.2°となり，これが平滑な固体表面において表面エネルギーを低下させることにより到達可能な接触角の計算上の上限である．したがって，150°を越える接触角はこのように表面エネルギーの低下だけでは到達不可能であり，表面粗さを付与することで撥水性を強調することが必要となる．これまでに報告されている超撥水膜（表面）の作製例は，いずれも低エネルギー固体表面 ＋ 表面粗さの付与というコ

4.4 超親水性と超撥水性

ンセプトに基づいて実現されている[23,24]．

　超撥水膜の作製に関する基礎研究は 1950 年代から始まり，1990 年代に入って盛んになった．1990 年代から 2000 年代の初めまでは研究の多くは専ら日本の研究者により行われていたが，最近はヨーロッパや中国でも超撥水の研究が盛んになっている．表面粗さの付与方法にはシリカ粒子や PTFE（poly tetra-fluoroethylene）粒子，ガラスビーズなどのフィラーの添加，エッチング処理，切削や研磨といった機械加工，有機ガスのプラズマ重合，フッ素系粒子と金属イオンの同時メッキ，ワックス類の凝固，金属表面の陽極酸化，熱温水への浸漬による溶解再析出，CVD（Chemical Vapor Deposition），昇華材料の添加，分相[*1]，モールディング[*2]，自己組織化，印刷などが用いられている．また低表面エネルギーの実現は，フルオロアルキルシラン（主に塩素型かメトキシ型），フルオロポリマー，有機ポリマー，ワックス，その他各種フッ素系化合物などの低表面エネルギー物質をそのまま用いたり，コーティング，混合，あるいは重合などをすることにより行われている．

　超撥水は主に Cassie のモデルで達成されるため[25]，固体と水との相互作用や化学結合を低減でき，高度な水滴除去性能を付与することが可能である．このような水滴除去性は防錆性，水切れ性，漏電防止，着雪防止が求められる様々なニーズに適用が可能であり，具体的には，屋外構造物や乗物の外装，テント，各種カバー，照明，道路資材，機械装置，住宅関係水周り，電気製品，医療機器，衛生機器などへの適用が期待されている．また超撥水コーティングを高圧送電線に施すことで送電線からの水滴のダレから発生する放電ノイズを低減できることや，超撥水コーティングを船舶の外装に施し，船底表面に空気を送りながら船を進めると，船底表面に空気の層が形成され，そのことで著しく造波抵抗が減少することなども知られている．

　超撥水は前記のように Cassie の式から導かれるが，これらは面内方向のエ

[*1] 均一な状態から組成や温度の変化により組成の異なる 2 種類以上の状態に分かれること．
[*2] 基材が軟らかい状態のときに適当な形状の型を表面に押し付けて形を転写する技術．

ネルギー成分のバランスしか考慮していない．実際には水滴には液面に垂直方向に重力がかかるため，水滴が大きいと粗さへの沈み込みが生じ，これが原因で接触角の低下が起きる．同様のことはシャワーなどで水を超撥水表面に勢いよくぶつけた場合にも生じる．Lafuma と Quere は超撥水コーティングしたガラスで上下から水滴を挟み込み，圧力を加えて構造中に水を浸入させた後に除荷すると，水の接触角が著しく低下することを示した[26]．このことは超撥水状態はエネルギー的なバランスの上に成り立った準安定状態であり，何らかの要因でこのバランスが崩れると超撥水状態が得られなくなることを示唆している．また超撥水の発現はあくまで粗さの程度に依存し，水滴が著しく小さくなると超撥水性は低下するのが一般的である．これは小さい水滴にとっては粗さが感じることができないからで，大きな水滴と小さな水滴では接触角が異なる（転落角についても水滴質量の影響が大きい．詳細は次章で述べる）．

　筆者の経験では直径 2 mm 程度の水滴を Cassie モードに入れ，超撥水性を実現するためにはフラクタル構造を作製しても Ra（2.1.2 項参照）で 50 nm 程度の表面粗さが必要であり，それ以下では Wenzel モードが残り，水滴が動きづらい．これは水滴の自重による前述のような沈み込みがどうしても起こるためである．50 nm という Ra 値は可視光の波長（400〜760 nm 程度）を考慮すると，その散乱を抑えて透明な状態を実現する限界に近く，このため透明な超撥水コーティングはきわめて制御された条件でないと実現できない．

　親水性物質に粗さを付与した後，撥水処理を行うことで超撥水状態を得る場合には，撥水処理を当該表面全体に均一に行うことが重要で，親水部分が不均一に残っていると前述の Wenzel モードに入りやすく，接触角は高いが，水滴が著しく転落しにくい表面になることが経験的に知られている．これは水が物理的に下地構造に噛み込んでしまうためと理解される．

第 4 章 参考文献

（ 1 ） R. Wang, K. Hashimoto, A. Fujishima, M. Chikuni, E. Kojima, A. Kitamura, M. Shimohigoshi and T. Watanabe, *Nature*, **388**, 431（1997）
（ 2 ） A. Nakajima, S. Koizumi, T. Watanabe and K. Hashimoto, *Langmuir*, **16**, 7048（2000）
（ 3 ） 中島章，金属, **75**, 24（2005）
（ 4 ） ドゥジェンヌ，ブロシャール・ビィアール，ケレ；奥村剛訳，"表面張力の物理学-しずく，あわ，みずたま，さざなみの世界-"，吉岡書店，pp. 1-66, pp. 85-104（2003）
（ 5 ） R. N. Wenzel, *J. Phys. Colloid Chem.*, **53**, 1466（1949）
（ 6 ） 技術情報協会編，"超親水・超撥水化技術"，pp. 3-67（2000）
（ 7 ） 辻井薫，表面, **35**, 629（1997）
（ 8 ） A. B. D. Cassie, *Discuss. Farady Soc.*, **3**, 11（1948）
（ 9 ） R. E. Johnson, Jr. and R. H. Dettre, *Adv. Chem. Ser.*, **43**, 112（1963）
（10） E. Bayramli and S. G. Mason, *Can. J. Chem.*, **59**, 1962（1981）
（11） 加藤健司，藤田秀臣，山本匡美，日本機械学会論文集 B, **57**, 4124（1991）
（12） Y-Y. Chen, F-G. Duh and B-S. Chiou, *Mater. Sci. : Mater. Elictronics.*, **11**, 279（2000）
（13） J. Bico, C. Marzolin and D. Quere, *Europhys. Lett.*, **47**, 220（1999）
（14） R. D. Hazlett, *J. Colloid. Interface Sci.*, **137**, 527（1990）
（15） S. Herminghaus, *Europhys. Lett.*, **52**, 165（2000）
（16） T. Onda, S. Shibuichi, N. Satoh and K. Tsuji, *Langmuir*, **12**, 2125（1996）
（17） S. Shibuichi, T. Yamamoto, T. Onda and K. Tsuji, *J. Colloid Interface Sci.*, **208**, 287（1998）
（18） M. Sasaki, N. Kieda, K. Katayama, K. Takeda and A. Nakajima, *J. Mater. Sci.*, **39**, 3717（2004）
（19） 吉満然，中島章，渡部俊也，橋本和仁，表面技術, **56**, 925（2005）
（20） H. Nakae, R. Inui, Y. Hirata and H. Saito, *Acta Mater.*, **46**, 2313（1998）
（21） Z. Yoshimitsu, A. Nakajima, T. Watanabe and K. Hashimoto, *Langmuir*, **18**[15], 5818（2002）
（22） T. Nishio, M. Meguro, K. Nakamae, M. Matsushita and Y. Ueda, *Langmuir*, **15**, 4321（1999）

(23) A. Nakajima, K. Hashimoto and T. Watanabe, *Monatshefte fur Chemie*, **132**, 31 (2001)
(24) 中島章, 未来材料, **4**[5], 42 (2004)
(25) M. Miwa, A. Nakajima, A. Fujishima, K. Hashimoto and T. Watanabe, *Langmuir*, **16**[13], 5754 (2000)
(26) A. Lafuma and D. Quere, *Nature Materials*, **2**, 457 (2003)

5
傾斜表面に対する静的濡れ性の限界

5.1 静的濡れ性と液滴の転落[1]

　これまで述べてきたように，固体表面の静的な濡れはYoungの式を基にして接触角の測定から得られる濡れ特性と固体表面の組成や構造との関係が理論・実験両面から検討されてきた．その結果，表面エネルギーとその均一性，表面粗さや表面形状などが濡れ特性に関与することが知られている．

　濡れを制御する工業的な応用において最も重要なものは固体表面と水との相互作用を低減する目的で用いられる，撥水処理である．撥水処理は固体表面の防滴，防錆だけでなく，着雪着氷防止，指紋付着防止などの防汚，革製品などへの風合い付与，潤滑性向上など様々な分野で利用されている．これまで撥水処理の特性は接触角測定による"静的"な撥水性が主に評価されていたが，近年は建築や輸送機械など各種の工学分野で液滴の除去性，すなわち"動的"な濡れの重要性が認識され始めている．とりわけ傾斜した表面における水滴の転落挙動は実用材料の設計において最も重要な特性である．

　親水表面では水が自発的に濡れ広がり，曇り止めや防水滴の機能を付与することが可能である．しかしながらこれは水滴の転落で代表されるいわゆる水滴除去能とは異なる．例えば自動車のフロントガラスを考えてみよう．撥水処理を行ったフロントガラスでは走行前は水滴が表面に付着するものの，水滴が走行時の風圧で除去されるためワイパーを使うことなく走行が可能になる．一方，親水性表面ではガラス表面に水膜を形成するため走行前は防滴機能が発現しているが，走行を始めるとガラスへの風圧によりガラス表面に形成された液膜が歪み，視認性が大幅に低下して運転の際に危険な状況に陥る．親水・撥水で得られる機能は相対する性質では置き換えは効かないのである．

高い接触角を有する表面が優れた水滴転落性を与えるとは必ずしも限らず，水滴除去性に優れた表面の設計は静的な濡れ性とは異なる要素が関与してくる．本章ではまず，静的な濡れが動的な濡れに移行するための限界について考えてみよう．この限界は一般に次節で述べる，「転落角」あるいは「接触角ヒステリシス」といったもので比較される．

5.2 転落角の測定と前進・後退接触角

水平に支持した表面に水滴を載せ，徐々に傾斜させていくと，斜面に対して液滴の下側の端点がなす接触角と，斜面に対して液滴の上側の端点がなす接触角は一般に異なる．さらに傾斜の角度を上げていくと水滴は転落を開始する．前者のことを前進接触角（advancing contact angle）と呼び，後者のことを後退接触角（receding contact angle）と呼ぶ．前進接触角は一般に水平表面で観測される接触角より大きく，逆に後退接触角は水平表面で観測される接触角よりも小さい．水滴が転落する最小の傾斜角のことをその水滴の転落角（sliding angle）と呼ぶ．図 5.1 にこれらの関係を示す．

Furmidge は液滴が転落する際に着液形状が長方形になると仮定して，転落角 α と前進接触角 θ_A，後退接触角 θ_R の間には次の式で示される関係を報告している[2]．

$$\frac{mg \sin \alpha}{w} = \gamma_{LV}(\cos\theta_R - \cos\theta_A) \tag{5.1}$$

式中の w は液滴の幅（図 5.2 参照）を表している．この式は液滴が傾斜面をすべり落ちる際の重力のなす仕事と，前述の Dupre 式による付着仕事 W_A の

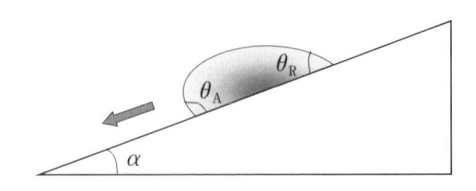

図 5.1 前進・後退接触角 (θ_A, θ_R) と転落角 (α)．

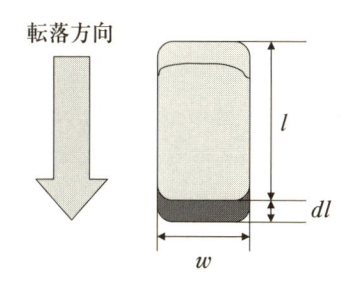

図 5.2 斜面を転落する液滴からの Furmidge の式の導出（転落する液滴を上面から観察した場合）.

変化量から導き出される．斜面を転落する液滴の様子を**図 5.2**に示す．液滴が微小距離 dl を移動したとすると，その際の仕事は斜面方向の重力と移動距離の積であるから

$$W = mg \sin\alpha \, dl \tag{5.2}$$

と書くことができる．幅 w の液滴が dl だけ移動したときの界面エネルギーのなす仕事は

$$W = \gamma_{LV} \, wdl \, \cos\theta_R - \gamma_{LV} \, wdl \, \cos\theta_A \tag{5.3}$$

で与えられる．両式より W を消去すると Furmidge の式が得られる．この式から，前進・後退接触角の余弦の差が大きいほど水滴の転落角が高く，水滴は転落しにくいことが分かる．前進・後退接触角は固体-液体界面がエネルギー的に取りうる接触角の範囲を示している．したがってこれらは，転落の速度論的な議論とは直接には結びつかない．なお Furmidge の式はこのような質点の運動系で記述されており，読者もこの記述の方が（後述する流体力学的な記述よりも）直感的に理解しやすいと思われるので本書でもそのままの形で記述した．

前進・後退接触角の余弦は接触角が 90° を境にして符号が変わるため，変形の度合の絶対値を直接把握しにくい．このため前進接触角 θ_A と後退接触角 θ_R

の差を便宜的に用いて，転落のしにくさを直接的に比較することが行われる．

$$H = \theta_A - \theta_R \tag{5.4}$$

で表される量を接触角ヒステリシス（contact angle hysteresis）と呼ぶ．この値が小さければ水滴は大きな変形を伴うことなく転落するため転落しやすい表面であるといえる．接触角ヒステリシスは単なる前進接触角 θ_A と後退接触角 θ_R の差であり，水滴の転落時における変形度合を示す量であるが，特定の物理量と直接的にはつながらない．物理量につながるのは Furmidge の式にあるように前進・後退接触角の余弦である．

Israelachvili は接触角ヒステリシスの起源については

1) 表面の粗さや化学組成の不均一
   （理想的な平滑表面，均一表面は実在しないため，真の接触角は微視的な接触角の平均値になっているとする考え方）
2) 表面分子の溶媒和[*1]とその時間依存性
3) 表面分子の液滴の移動に伴う分子配向

などが関与するとしている[3]．しかしながらこれらの具体的な寄与の程度については明確になっていない．

前進・後退接触角の測定はこのような傾斜面での前方と後方の接触角だけで測定されるものではない．図 5.3 に拡張・収縮法による前進・後退接触角の測定方法を示す．適当な大きさの液滴を表面に作製し，液を順次注入，もしくは吸引する際にその端部が動き出す直前の接触角を測定する．この方法は斜面での実際の液滴の接触角を測定するよりも測定自体が容易なため，こちらの方法

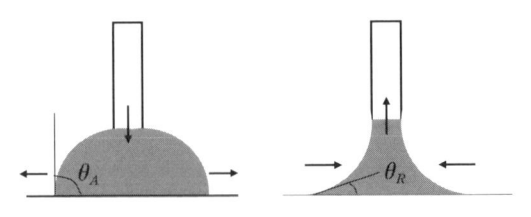

図 5.3 拡張・収縮法による前進・後退接触角．

[*1] この場合は固体表面分子が液体分子と比較的弱い引力により結合する現象．

で測定された前進・後退接触角の報告も多数みられる．ただしこの測定方法は，得られる前進・後退接触角の値が液の注入・吸引速度に依存することがあるため[4]，得られる値の取り扱いには注意が必要である．

5.3 三重線と転落モード

WolframとFaustはパラフィン表面での転落角測定の実験をもとに，撥水性固体表面における転落角について以下のような実験式を提示した[5]．

$$\sin \alpha = k \frac{2r\pi}{mg} \tag{5.5}$$

ここで，α は転落角，k は物質固有の比例定数，r は着滴半径，m は水滴重量，g は重力加速度である．この関係は転落角が液滴の重量に依存するパラメータであることを示している．したがって液滴重量が示されていない転落角の値は意味を持たない．液滴重量と転落角の典型的な関係を図 5.4 に示す[6]．またこの関係は斜面方向の重力加速度である $mg \times \sin\alpha$ が液滴の固体-液体-気体の三重線の長さ（液滴が固体表面に着液した際の着液面の円周）に依存する抵抗力と釣り合うことを示している．物質間の相互作用を考えると，この抵抗力は固体表面と液滴の着液面積に比例するかのように思われるが，その場合ならば r^2

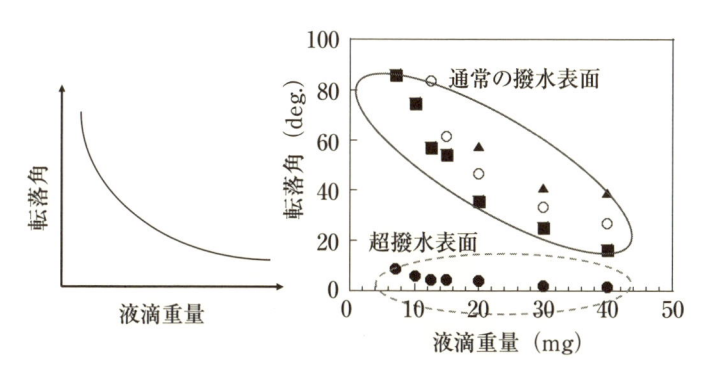

図 5.4 液滴重量と転落角の典型的な関係と実例[6]．

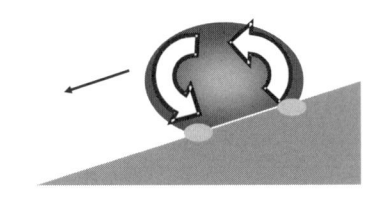

図 5.5 回転モードによる液滴の転落.

に比例しなくてはならない．転落角の測定に際しては，固体表面を徐々に傾斜させて転落を起こすため，撥水性固体表面での液体は**図 5.5**に示すように水分子がキャタピラ状に回転しながら転落する，いわゆる回転モードの寄与が大きいと考えられる．このことは次章で述べる転落加速度の場合とは異なる．水滴が実際に転落している過程（転落を開始する過程ではないので注意）では回転モードだけではなく，すべりのモードも含まれていることが実験的に明らかにされている．

村瀬は，固体表面へ付着する前の液滴は球，付着後はキャプドスフェアであると仮定して（**図 5.6**参照），その幾何学的関係からこのWolframらの式を次のような関係式を用いて変形した[7]．

図 5.6 傾斜した固体表面の付着前後での液滴.

5.3 三重線と転落モード

$$r = R \sin\theta \tag{5.6}$$

$$\frac{4}{3}\pi R'^3 \rho g = mg \tag{5.7}$$

$$R' = \left\{\frac{1}{4}(1 - 3\cos\theta + \cos^3\theta)\right\}^{1/3} R \tag{5.8}$$

ここで，R' と R はそれぞれ固体表面に付着前と付着後の水滴の半径，ρ は水の密度である．これらを Wolfram の式に代入すると接触角と転落角を結びつける以下のような式が得られる．

$$\sin\alpha = \frac{6k\sin\theta}{g}\left\{\frac{\pi^2}{9\rho m^2(2 - 3\cos\theta + \cos^3\theta)}\right\}^{1/3} \tag{5.9}$$

さらに，三輪らは粗さを有する撥水表面上での水の転落性について転落角と接触角を表面粗さと結びつけることを検討した．形が一定である針状構造が表面全体に均一に形成されていると仮定した粗さを考え（**図 5.7** 参照），既述の Wenzel 式（(4.13)式）と Cassie の式（(4.19)式）を組み合わせることにより，モデル表面での接触角 θ' を以下のように記述した[8]．

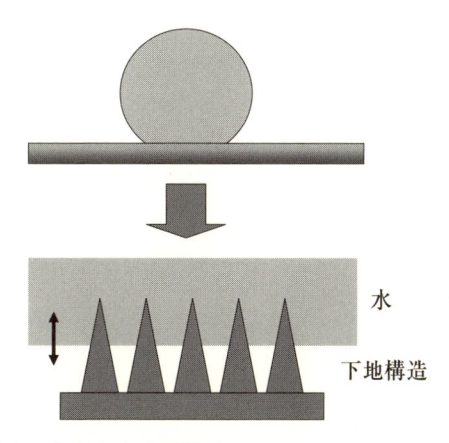

図 5.7 三輪らが想定した表面構造．
下地は同じ大きさと形を持った円錐構造の連続で，水の進入深さで Cassie と Wenzel のモードの寄与比を算出する．

$$\cos\theta' = rf\cos\theta + f - 1 \qquad (5.10)$$

ここで，r は表面積比（見かけの面積に対する実面積の割合），θ は平滑表面での接触角である（固体に付着後の液滴の付着面積の半径と混同しないよう注意）．彼らは針先の形は一定（円錐形）で針の間隔あるいは水の入り込む深さが変わることで接触角が変化すること，水滴と固体表面との相互作用は接触面積の大きさに比例するという2つの仮定を置いた．彼らのモデルでは，円錐の寸法や配列方法といった幾何学的な情報は r と f に盛り込まれる．その上で(5.11)式のような関係式を導出し，実際に彼らが作製した超撥水性表面で，$r=2.4$ としたとき，転落角 α と粗い表面での接触角 θ の関係がこの式に従って変化することを示した．

$$\sin\alpha = \frac{2rk\ \sin\theta'(\cos\theta'+1)}{g(r\cos\theta+1)}\left\{\frac{\pi^2}{9\rho m^2(2-3\cos\theta'+\cos\theta'+\cos^3\theta')}\right\}^{1/3}$$
$$(5.11)$$

先に述べた Wenzel の撥水モードでは三重線が見かけ上，長くなるため，表面粗さが液滴の転落に対して抵抗として作用するが，Cassie のモードでは噛み込んだ空気の寄与により個々の三重線が短くなるため，表面粗さが大きくなり空気の噛み込み量が多くなるほど，液滴が転落しやすくなる．撥水性（接触角）が同程度でも転落性は支配されるモードにより異なる．三輪らはこれらの一連の解析と実験事実から，接触角が160°近い高度な超撥水表面においては転落角が1°前後になり，その場合は撥水機構が Cassie モードで支配されるが，同じ超撥水表面であっても，接触角が150°前後の場合は転落角が高くなり，Cassie モードに加えて Wenzel モードの寄与が相当程度含まれる撥水機構になることを明らかにした．

三重線での液滴はある半径の曲率を持って接触しており，厳密には Young の式にこの曲率に由来する力を加えなくてはならない．この力は線張力（line tension）と呼ばれ，式の上では固体に付着後の液滴の付着面積の半径を r とすると，等温的に三重線を単位長さ伸ばすのに必要な仕事は，線張力 γ_{SLV} を用いて以下のように表される（**図5.8**）[9]．

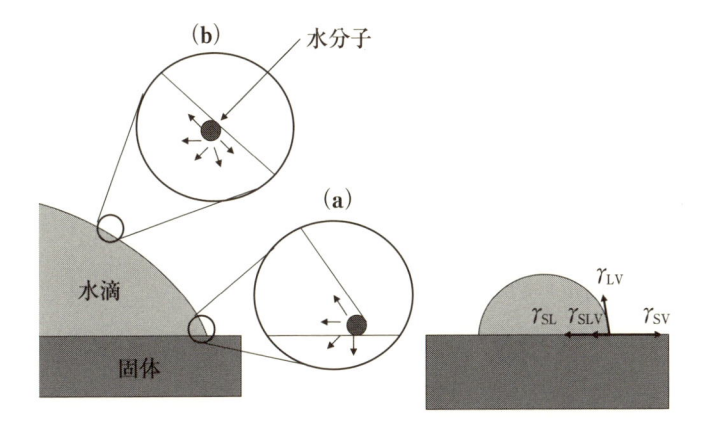

図 5.8 液滴に作用する線張力[9].
末端の水分子(a)はバルク表面の水分子(b)と相互作用が異なる.

$$\gamma_{SV} - \gamma_{SL} = \gamma_{LV} \cos\theta_0 + \frac{\gamma_{SLV}}{r} \tag{5.12}$$

したがって，着液径に対する接触角の依存性を調べると，その傾きから線張力の大きさを見積もることができる．実測によると線張力の大きさは 10^{-10} 〜10^{-11} N/m 程度できわめて小さい．またこの力は水分子数個分の範囲でしか作用しないため，実用上の重要性はほとんどない．

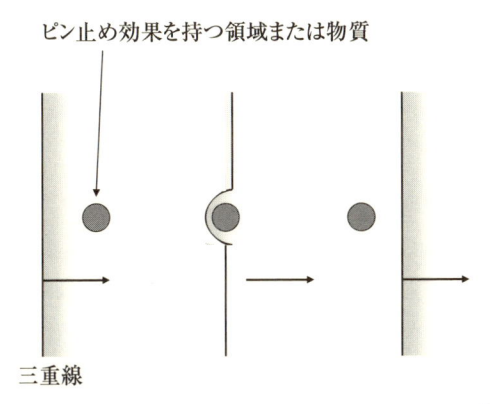

図 5.9 三重線の移動に対する欠陥のピン止め効果[10].

撥水的な表面の一部に親水的な欠陥部分が存在している場合，図5.9のように三重線の移動に対してこの欠陥がピン止め効果を持つ．これらの欠陥は局所的な接触角の変化を招き，液の運動が阻害される．接触角ヒステリシスの大きさはこのような不均一部分の数に比例し，大きさ，形状，濡れやすさにより決まる三重線との相互作用の2乗に比例することが理論計算により導かれている．また分子の熱揺らぎが接触角ヒステリシスへの影響を覆い隠してしまう場合もあるが，これは欠陥が数十 nm 以下のごく小さい場合に限られることが知られている[10]．微小な不均質部分の存在は，接触角よりもはるかに明確に転落角や接触角ヒステリシスに影響する．

5.4 固体表面と水との相互作用[11]

水分子の熱運動を純水より抑制する（エントロピーを減少させる）水和を正の水和，逆に水分子の熱運動を純水より活発にする（エントロピーを増加させる）水和を負の水和と呼ぶ．Na，Ca などの金属イオンはいずれも静電的相互作用により正の水和を示す．一方アルキルなど疎水性の物質も正の水和を示すものの，その発現機構はアルカリ金属系とは異なる．疎水性物質が溶解した水では疎水基の周りに配向している水分子は歪んだ水素結合で結ばれ，プロトン交換速度が純水に比べて遅いことが NMR や中性子散乱から分かっている[12-14]．このように疎水性分子が水と接触すると，水の性質が変化し，エントロピーの減少が起こる．このことは疎水基が水との接触をできるだけ減らそうと水分子自身が集まる現象が起きることを意味し，この傾向を疎水間相互作用と呼ぶ．

固体表面と水との界面の状態を知るには分子動力学的な計算による研究が有効であり，これまでも数多く試みられてきた．特に撥水表面では水の状態の関する研究が実験的に困難であるため，これまで計算科学的な手法による検討が多数報告されている．Michael と Benjamin によれば，疎水面に接している水分子間の結合は通常の水よりも強く，また界面の近くの水は界面と平行方向の拡散は速いが，垂直方向は，平行方向に比べると遅いとの結果を得ている[15]．

5.4 固体表面と水との相互作用

また Wallqvist は撥水性固体表面の水の状態について計算を行い，表面に接している水分子のうち，表面から少なくとも3分子層まではバルクの水よりも強い水素結合を有しているとの結論を得た[16]．村瀬は Ethane (C_2H_6), Dimethyl siloxane (CH_3-[$(CH_3)_2SiO$]$_4$-Si(CH_3)$_3$), Hexafluoroethane (C_2F_6) の各モノマーに対してその上に位置する水分子のクラスターがどのような構造をとるとエネルギー的に安定になりうるか，分子軌道計算により検討した[17]．その結果，Hexafluoroethane のようなフッ素系物質では水分子との結合距離は小さくなるものの，表面水分子が氷様構造を形成することを示した．フッ素で処理された表面は一般に接触角が高いがその上の水滴は転落しにくい（転落角が高い）ことが知られている．計算結果から村瀬はフッ素が高い接触角を示すのはその分子の剛直性に由来しており，にもかかわらず高い転落角を示すのは水分子との相互作用から水の構造性を高める（分子の配列を氷のような構造にする）ことで分子の流動性を低下させるためであると推察し，フッ素表面に若干の親水部を配合することで転落角1°程度の透明超低転落角コーティングを実際に作製した[18]．この計算は，計算を開始する時点での水分子の初期配置により結果が影響を受ける上，下地はモノマーで固定しているため，実際の状態とどの程度整合するかという点については疑問の点もあるが，フッ素が水滴を転落させにくい実験事実を構造化学的な立場から説明している．この他にも水分子とフッ素表面との相互作用については様々な報告があるが[19]，いずれも一定範囲である程度の相互作用が働くとの帰結になっている．一方，亀島らは様々な構造の炭化水素とフルオロカーボンに対して水分子の位置と向きを変えてポテンシャルを計算し，フッ素と水との間には確かに相互作用が存在するが，その大きさは，同じ構造の炭化水素における水素と水との相互作用とわずかしか違いがないことを示した[20]．

　実験的な検討では Du らが石英表面に界面活性剤の分子膜を形成し，水と氷の界面での振動スペクトルの比較から界面の水の一部は氷に近い配向を持っていると結論している[21]．また魚崎らは赤外と可視のレーザー光から得られる和周波のスペクトルの解析から，アルキル系自己組織化単分子撥水膜の表面での水の状態を解析し，表面第1層の水はバルクの水素結合とは異なる，自由度の

少ない状態にあることを明らかにしている[22]．

しかしながらこれらの相互作用や状態がマクロな水滴の転落にどの程度寄与しているかについては，表面粗さの影響と厳密に区別して評価，検討された事例がなく，未だ明確になっていない．常温近傍での水や固体表面分子の流動ダイナミックスはこれらの相互作用の影響を見えにくくする可能性もあり，さらなる実験的検証が必要である．

5.5　表面張力の時間依存性[11]

物性としての表面張力には時間依存性が出る場合がある．図 **5.10** にその変化の模式図を示す．水などの純粋な液体では 10^{-8} 秒程度の間に平衡値に到達するが，液体に界面活性剤などを溶かし込んでいる際には表面張力の時間依存性が顕著となり，10^{-3} 秒程度から数十秒程度にいたるまで変化する場合がある．これらに影響するのは主として界面活性剤などの溶解成分の溶液内での配列過程であり，分子の種類や形態，濃度により時間依存性が変化する．このような系では液面の圧縮と拡張の過程を短い時間で行うと，界面活性剤の配列が追従できなくなり，表面張力の変化が顕著になる．このような表面張力の時間依存性は，水和反応の時間依存性と同様，液滴の接触角ヒステリシスの大きさに影響を与える可能性がある．

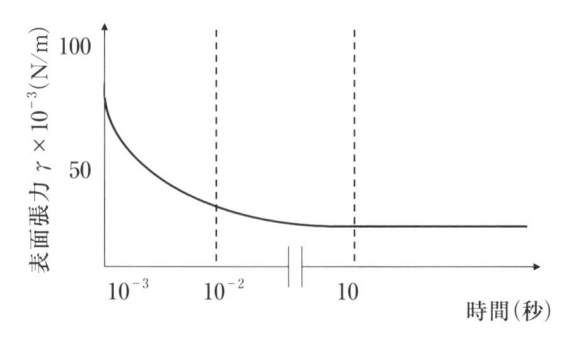

図 5.10　界面活性剤に由来する表面張力の時間依存性の例[11]．

5.6 転落角に影響を及ぼす固体表面の因子

これまで述べたように接触角は主に表面粗さの程度（Wenzel の式と Cassie の式がこれを示す）とその形状，表面エネルギー（表面化学組成により決まる．Young の式がこれを示す）の値，ならびに表面が複数の物質で構成される場合はその組成の比率（Cassie の式がこれを意味する）や分布に依存する．

転落角もこれらの要素が影響を与えるが，その寄与の仕方は接触角とは必ずしも同じではない．通常 1〜2 mm 程度の水滴の場合，算術表面粗さが 10 nm 程度までの撥水性固体表面では，粗さの増加に伴って接触角の変化はあるものの，さほど極端ではない．しかしながらこのレベルの粗さがマクロなレベルの転落角にはかなり大きな違いを与える．米田と森本は各種の大きさの粗さをもつシリカ表面をシランを用いて撥水処理してその上での水滴の転落角を測定し，10 nm レベルの粗さが入るだけで水滴の転落角は著しく上昇し，水滴が転落しない表面となることを示した（**図 5.11**）[23]．表面へのシランのコーティングの均質性については触れられていないが，このことは転落角が，接触角には影響が少ない程度の微小なレベルの粗さまたはそれに伴うコーティングの不均

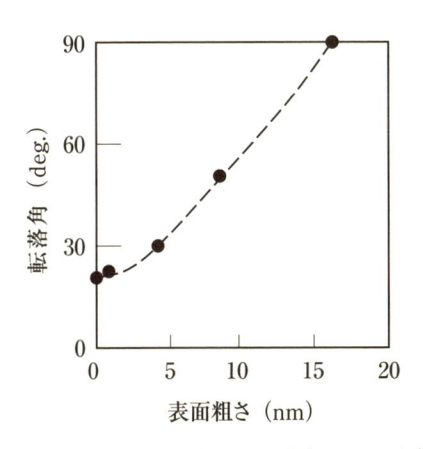

図 5.11 フッ素コーティングした表面の転落角に及ぼす算術表面粗さの効果[23]．

一により大きく影響を受けることを示している．

　表面粗さが転落角に影響を与える範囲は粗さのレベルが大きくなるとさらに著しくなる．撥水性固体表面において表面粗さを増加させると，接触角ヒステリシスが表面粗さに比例して増加し，ある粗さに達すると減少に転じる．最終的には超撥水状態になり，粗さがない平滑面よりも転落角が著しく小さくなる．これは Wenzel モードから Cassie モードへ撥水機構がスイッチするためであり，転落に際して水滴が乗り越えなければならないエネルギーバリアの大きさが固体-液体界面に空気を噛み込むことにより著しく減少することに起因する[24,25]．

　このモードスイッチは等方的に固体-液体界面に空気を噛み込むことができる構造の場合，固体-液体接触面積でおおむね決まることが知られているが，三重線の分布に異方性がある場合，転落のしやすさに大きな異方性が出現する．吉満らはシリコンウェハーに溝を切り込み，そのピッチや深さを変えることで人工的に粗さを作製し，その上に撥水処理を行うことで粗さを有する撥水性表面での水滴の転落角を構造と関連付けて評価し，いくつかの有用な結果を得ている[26]．彼らは図 5.12 に示すように溝を 1 方向だけに切った場合と直行する 2 方向に切った場合について水滴の転落角を比較検討し，転落方向に溝を切った場合の転落角が直行する 2 方向に溝を切った場合よりも低くなることを示した．直行する 2 方向に溝を切った場合の方が固体-液体接触面積は小さくなるにもかかわらず，1 方向（転落方向）に溝を切った場合の方が転落角が低くなる事実は，転落の方向に対する三重線の方向と長さが，水滴の転落性に対して固体-液体接触面積よりも大きな影響を与える場合があることを示している．

　表面粗さに加えて，表面組成で決まる表面エネルギーについても，接触角と転落角では依存性に違いがみられる．転落角では表面エネルギーの均質性が接触角よりもはるかに大きい影響を与える．図 5.9 に示した三重線の移動に伴うピン止め効果は，異なる組成部分が 1 箇所に固まって存在するより，全体に占める比率は同じでも，小さい領域でたくさん面内に分布している方が高い．接触角にはほとんど影響を及ぼさない，数 μm 程度のコーティングの欠陥部分

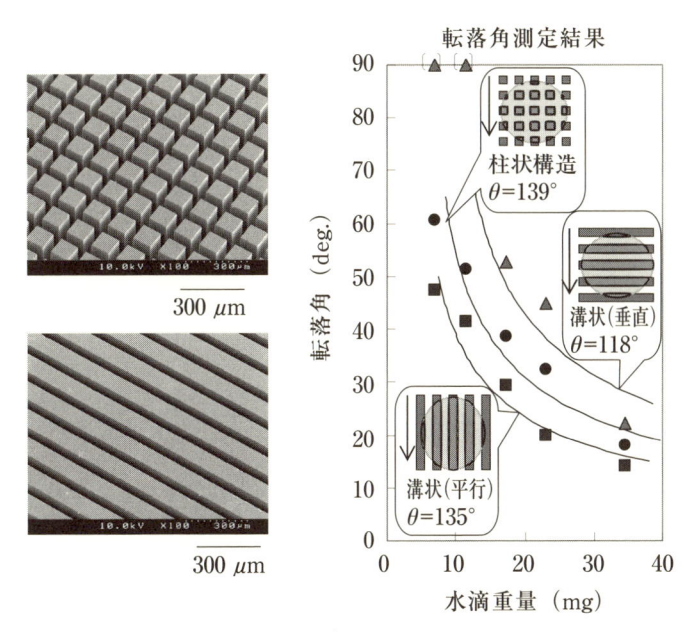

図 5.12 転落角の切削方向依存性[26]．θは矢印方向から眺めた際の接触角．

も，水滴の移動性を著しく悪化させることがある[27]．組成の異なるコーティングを表面に多段階で実施する場合，一般にその界面に不均一部分を生じやすい．これは各分子の占有面積と動きやすさが異なるため，界面では分子密度の低い部分ができやすくなることによる（**図 5.13**）．このような不均一部分の存在により水滴の転落角が顕著に増加することが知られている[28]．

　表面組成の均質性だけでなく，固体表面の分子の構造（剛直な分子か，柔軟性に富む分子か），表面が複数の物質で構成される場合はその状態（部分的に局在しているか，混ざっているか，組成の傾斜があるか，など）が転落角の違いを生む要因になる．吉田らはフッ素鎖の長さの異なる様々なフルオロメタクリレートをメチルメタクリレートと様々な比率で共重合し，そのポリマーのコーティング膜上での水滴の転落性を精密に評価した[29]．このコーティングではポリマーのガラス転移温度以上で熱処理を行っており，表面の粗さの影響はほとんど無視できるレベルにある．彼らは接触角の高さは基本的にコーティン

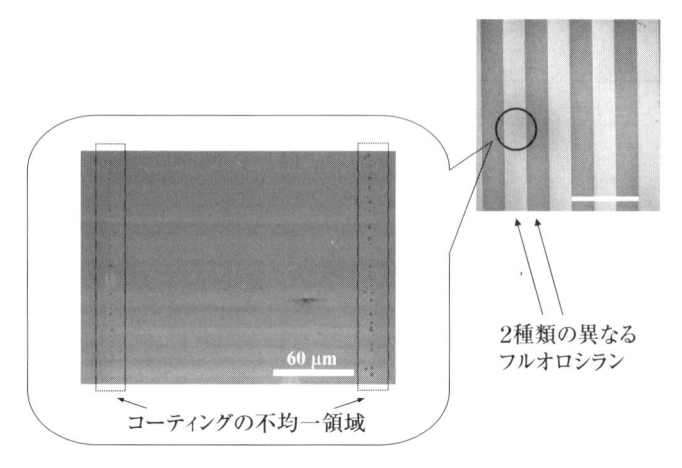

図 5.13 フォトリソグラフィー法と 2 段コーティングにより作製した 2 種類の異なるフルオロアルキルシランのコーティングの界面に生じた欠陥の電子顕微鏡写真[28].
シラン分子の運動性や大きさが異なるため,界面にはこのような不均一部分が生じやすい.この程度の大きさでも水滴の転落角に影響を与える.

グ表面のフッ素の被覆率で決まる表面エネルギーと逆相関の序列になる(表面がポリマーで被覆される割合が増加するにつれて,表面エネルギーが低下する)が,転落角については重合するモノマーのフッ素鎖の長さが短いもの(炭素数 3)と長いもの(炭素数 17 や 19)では接触角の増加につれて(接触角と対応する)接触角ヒステリシス低くなり,逆にフッ素鎖の長さが中間的な炭素数 9 程度のものでは高くなることを示した(**図 5.14**).彼らは Israelachvili の示した接触角ヒステリシスに影響する 3 つの因子(5.2 節参照)のうち,2)表面分子の溶媒和とその時間依存性と 3)表面分子の液滴の移動に伴う分子配向に着目した.フッ素鎖の長さが短いと水和が起こりやすいが,分子鎖が短く動きづらいため流体の移動に対して高分子表面での構造変化が起こりにくい.また分子が長いと分子鎖が動く幅が大きくなるが,水和の時間依存性が大きくなるため構造変化が起こりにくい.そのためいずれの場合も接触角ヒステリシスが低く抑えられると考察した.一方,分子鎖の長さが中間的なものは水和の

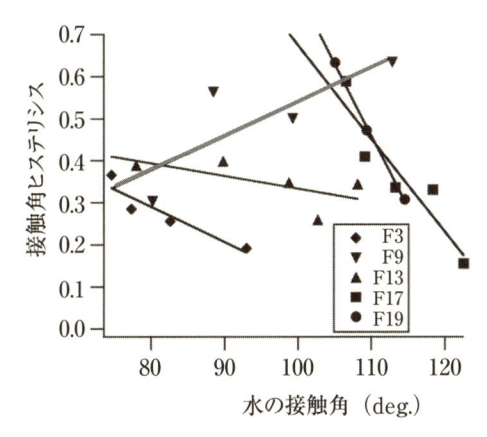

5.6 転落角に影響を及ぼす固体表面の因子

図 5.14 フルオロメタクリレート-メチルメタクリレート共重合体膜の接触角ヒステリシスと水接触角の分子内フッ素量依存性[29].
各数字はフルオロメタクリレートモノマー中のフッ素数．中間的な長さのフッ素鎖をもつ F9 が他と異なる挙動を示していることが分かる．

起こりやすさも分子鎖の動きやすさも確保されるため分子鎖の構造変化が起こりやすく，接触角ヒステリシスが大きくなり，転落角が高くなるとした．この実験事実はコーティング材料の分子構造も転落角の大きさに影響を与えることを示している．同様の傾向はアルキル系のポリマーにおいても得られている[30].

一方，このような鎖長依存性は，シランカップリング剤のような自己組織化単分子膜を平滑にコーティングした表面では得られない．高度な平滑性を維持した均一な撥水コーティングを様々な鎖長のシランを用いて作製すると，接触角は炭素数が 6～8 あたりまで上昇し，その後飽和する一方，転落角は鎖長およびフルオロカーボン系・ハイドロカーボン系にかかわらずほぼ一定値（10°程度）となる[31]．ポリマーと自己組織化単分子膜でのこのような違いは，主に撥水性に寄与する組成を有する官能基の密度と均質性の違いによるものと考えられる．シランはポリマーに比べこれらの密度が高く，このためコンパクトにパッキングされた均一な撥水表面では化学構造によらずほぼ同程度の転落角を

示すことを示唆している．これは水からみればフルオロカーボンもハイドロカーボンも表面エネルギーが充分に低いためで，表面が充分に平滑かつ均質であれば，この二者で違いはあまり顕在化しない．ただし，水より表面エネルギーが低い有機系の溶剤に対しては，フルオロカーボンとハイドロカーボンで違いが現れ，その程度は用いる溶剤により異なる．

　ポリマーにはコーティング自体の柔軟性という，シランにはない特徴がある．特定のセグメントの自由度増加を反映するガラス転移温度[*2] が，その上での水滴の転落角に影響を与えるとの報告[32]がある一方，分子全体の運動性を反映する軟化点の方が，顕著に影響するとの報告もある[30]．いずれにしても硬い表面を転がるのと，軟らかい表面を転がるのとでは転がりやすさが異なるということであり，これは水滴の転落直前での変形許容範囲（接触角ヒステリシスと同意）が増大するためであろう．これは一定の厚さを持つポリマーに特徴的な現象であり，数 nm 程度のシランカップリング剤などによる単分子膜ではこのような変化はない．

[*2] ガラス転移が起きる温度．過冷却液体を冷却していくと，ある温度範囲で急激に粘度が増加し，流動性を失って非晶質固体となる．この変化をガラス転移と呼び，冷却の速さに依存する．ガラス転移温度では温度低下に対する体積変化率が小さくなる．

第5章 参考文献

（1） 中島章，未来材料，**4**，42（2004）
（2） C. G. L. Furmidge, *J. Colloid Sci.*, **17**, 309（1962）
（3） J. N. イスラエルアチビリ；近藤保，大島広行訳，"分子間力と表面力"，第2版，朝倉書店，pp. 311-315（2002）
（4） M. Sakai, J.-H. Song, N. Yoshida, S. Suzuki, Y. Kameshima and A. Nakajima, *Surf. Sci.*, **600**, L204（2006）
（5） E. Wolfram and R. Faust；J. F. Padday Ed., "*Wetting, Spreading and Adhesion*", Academic Press, London, Chapter 10（1978）
（6） A. Nakajima, Z. Yoshimitsu, C. Saiki, K. Hashimoto and T. Watanabe；S. Hirano, G. L. Messing and N. Claussen Eds., *Ceramic Processing Science IV*, Ceramic Transactions, 112, p. 323（2001）published by American Ceramic Society, Westerville, Ohio, U. S. A.
（7） 村瀬平八，日本学術会議第5回界面シンポジウム予稿，pp. 9-18（1998）
（8） M. Miwa, A. Nakajima, A. Fujishima, K. Hashimoto and T. Watanabe, *Langmuir*, **16**[13], 5754（2000）
（9） J. Drelich, *Colloid and Surfaces A*, **116**, 43（1996）
（10） ドゥジェンヌ，ブロシャール・ビィアール，ケレ；奥村剛訳，"表面張力の物理学-しずく，あわ，みずたま，さざなみの世界-"，吉岡書店，pp. 1-66, pp. 67-187（2003）
（11） 石井淑夫，小石眞純，角田光雄編，"ぬれ技術ハンドブック"，テクノシステム，pp. 1-54（2001）
（12） S. Bradl and E. W. Lang, *J. Phys. Chem.*, **97**, 10463（1993）
（13） S. Bradl, E. W. Lang and J. Z. Turner, *J. Phys. Chem.*, **98**, 8161（1994）
（14） B. Liegl, S. Bradl, T. Schätz and E. W. Lang, *J. Phys. Chem.*, **100**, 897（1996）
（15） D. Michael and I. Benjamin, *J. Phys. Chem.*, **99**, 1530（1998）
（16） A. Wallqvist, *Chem. Phys. Lett.*, **165**, 437（1990）
（17） H. Murase, K. Nanishi, H. Kogure, T. Fujibayashi, K. Tamura and N. Haruta, *J. Appl. Polym. Sci.*, **54**, 2051（1994）
（18） 村瀬平八，学位論文"表面エネルギーとモルフォロジー制御による不均質有機塗膜の機能化の研究"，東京大学大学院 工学研究科（1999年7月）
（19） H. Umeyama and K. Morokuma, *J. Am. Chem. Soc.*, **99**, 1316（1977）

(20) 中島章；神奈川科学技術アカデミー編,「ナノウェッティング」プロジェクト研究概要集, pp. 31-40 (2007)
(21) Q. Du, E. Freysz and Y. R. Shen, *Science*, **264**, 826 (1994)
(22) S. Ye, S. Nihonyanagi and K. Uosaki, *Physical Chemistry and Chemical Physics*, **3**, 3463 (2001)
(23) T. Yoneda and T. Morimoto, *This Solid Films*, **351**, 219 (1999)
(24) R. H. Dettre and R. R. Johnson, Jr., "*Adv.Chem.Ser.*, Vol. 43", pp. 136 (1963)
(25) R. E. Johnson, Jr. and R. H. Dettre, "*Adv.Chem.Ser.*, Vol. 43", pp. 112 (1963)
(26) Z. Yoshimitsu, A. Nakajima, T. Watanabe and K. Hashimoto, *Langmuir*, **18**, 5818 (2002)
(27) E. Decker and L. Garoff, *Langmuir*, **13**, 2210 (1997)
(28) J.-H. Song, M. Sakai, N. Yoshida, S. Suzuki, Y. Kameshima and A. Nakajima, *Surf. Sci.*, **600**[13], 2711-2717 (2006)
(29) N. Yoshida, Y. Abe, H. Shigeta, A. Nakajima, H. Ohsaki, K. Hashimoto and T. Watanabe, *J. Am. Chem. Soc.*, **128**, 743 (2006)
(30) Y. Akutsu, I. Komatsu, N. Yoshida, S. Suzuki, J. Song, M. Sakai, Y. Kameshima and A. Nakajima, Proc. of the 4th International Symposium on Surface Science and Nanotechnology, Oomiya, Japan, pp. 287 (2005)
(31) 中島章；神奈川科学技術アカデミー編,「ナノウェッティング」プロジェクト研究概要集, pp. 1-8 (2007)
(32) H. S. Van Damme, A. H. Hogt and J. Feijen, *J. Colloid Interface Sci.*, **114**[1], 167 (1986)

6
固体表面での水滴の動的挙動

6.1　転落角と転落加速度の違い

　従来，固体表面での動的な濡れ性の指針には，主に転落角や接触角ヒステリシスが用いられてきた．しかしながらフッ素系撥水剤をコーティングした表面は接触角が大きいにもかかわらず，アルキル系撥水剤をコーティングした表面に比べ高い転落角を示すことは知られており，大きい接触角であれば小さい傾斜角で液滴が転落すると単純に結び付けられない事例は数多い．これらは先に述べたように接触角が表面粗さや表面エネルギーの値や分布に依存するのに加え，転落角では，①接触角では問題にならないような微小な表面の粗さ，②三重線の長さや方向，③分子の構造と組成，④表面の均質性，⑤固体-液体間相互作用などが複雑に影響するためである．

　加えて実際の工業材料においては大きさや機能，意匠などの観点から表面の角度が設計される場合がほとんどであり，水滴の転落挙動から設計するケースは少ない．また転落角は固体-液体界面の傾斜に対する静的なエネルギーバランスの限界を示しており，いわば熱力学的な特性といえる．したがって時間の概念は含まれず，実際に転落している際の液滴の速度に関してはなんら情報を与えない．例えば超撥水表面では水滴の転落角は1°程度になり，その傾角において水滴は重力の斜面方向の成分の加速度で瞬時に転落するが，平滑な高分子表面で転落角が1°程度のものでは，きわめてゆっくりと，ナメクジが這うように水滴が移動していく．このように同じ転落角でも液滴の転落速度はまったく異なる場合がある．大きい接触角と小さい転落角と大きい転落加速度は必ずしも同じ意味にはならないのである．

　工業製品では「何度で水滴が転落するか」ではなく，「どれくらいの速さで

水滴が除去できるか」という点が材料選択の際に重要になる場合がある．住宅の風呂場などでは数時間かけて朝までに水が流れ切って乾燥すればよいため時間の因子をあまり気にする必要がなく，このような製品の設計には転落角が利用できる．一方，自動車のガラスやボディー，スポーツ用品などにおける水滴除去は迅速に行われなければならない．これらの用途では転落角よりも転落加速度の方が重要な設計指針となる（**図6.1**）．

転落角は転落時の前進・後退接触角の測定から得られる接触角ヒステリシスから表面との付着エネルギーと関連付けられて，これまで様々な報告がある[1-5]が，転落加速度については報告例が限られている．転落加速度の評価にあたっては何らかの方法で液滴の移動の様子を記録・評価する必要があり，そのための画像記録や画像処理の技術がこれまでは充分でなかったことが，この分野の報告例が少なかった要因の1つであるが，徐々に実験系の報告が増え始めてきている．

水滴の転落加速度に関連した諸問題は，流体力学的な視点から取り扱う場合と，界面科学・材料科学的視点から取り扱う場合がある．後述するように前者は流体の転落挙動の解析から，後者は流体と接している固体の表面状態と流体との作用の特徴付けから考察が行われる．

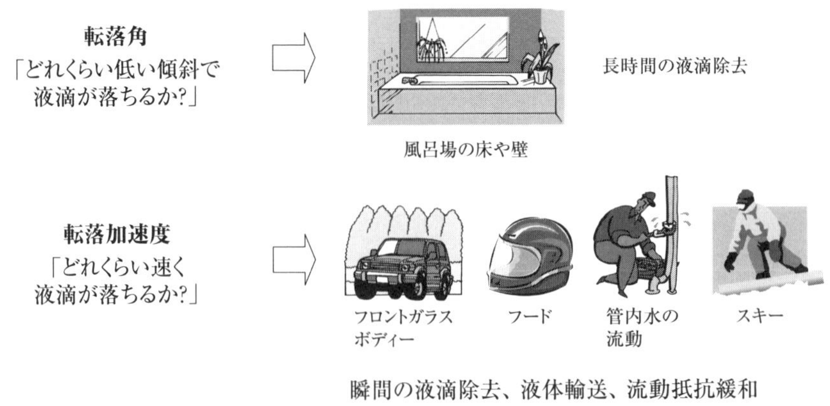

図6.1 転落角が重要なものと転落加速度が重要なもの．

6.2 流体力学の基礎[6,7]

　流体は変形が自由な連続体である．砂のような粒状体は変形が自由であっても連続体ではない．流体は質点の運動系とは異なり，個々の質点が明確に区別できず，流体粒子（流体を構成する部分で最小のものは分子）が大量にあって空間を満たしている．このような流体の動的挙動は古くから流体力学の分野で取り扱われており，固体表面での動的濡れ性についても様々な報告がある．本論に入る前に流体力学の基礎的事項を記述する．本書の目的は材料科学的視点からの濡れとその制御であるが，動的撥水性を考える上では流体力学の基礎的事項はある程度知っておく必要がある．

　流体力学の記述には2つの大きな前提がある．1つは粘性を持たない流体としての前提であり，もう1つは粘性を持つ流体としての前提である．粘性を持たない流体は運動中でも静止中と同じように任意の面を介して作用する力を垂直応力のみとする"仮想的な"流体であり，このような流体のことを完全流体（perfect fluid）と呼ぶ．実在の空気や水は粘性が比較的小さいため，空力学設計などの工学的分野では完全流体の前提が有用な場合が多い．

　流体力学はまず18世紀にオイラー（Euler）やベルヌーイ（Bernoulli）により完全流体の力学として発展し，19世紀半ば過ぎにストークス（Stokes）が粘性の影響を考慮した理論を展開した．そして実在流体と粘性流体理論の対応付けは20世紀に入りプラントル（Planddtl）が境界層理論を考案したことで可能になった．流体力学の学問体系の詳細については専門の解説書[6]に譲り，本書では固体表面での動的濡れ性につながる内容を中心に基本的な内容のみを記述する．

6.2.1　Eulerの運動方程式とBernoulliの定理[6,7]

　流体力学系では一般に空間を自由に運動する流体粒子に対し，流体の状態量（流速，圧力，密度など）を固定座標系の位置と時間 (x, y, z, t) の関数として記述する．座標上の各位置に存在する流体粒子は各瞬間，瞬間でそこに存在する別の流体粒子である．

流体を記述する未知変数は大きく分けて2つあり，1つは運動学的状態を表す未知量であり，もう1つは内部状態を表す未知量である．前者は流れの記述である以上，速度成分 $v=(u, v, w)$ であり，後者は流れの駆動力である圧力 p と，流体の密度 ρ が重要になる（この他，流体の温度や溶質濃度も状況により必要となるが，これらは副次的なものである）．なお，密度 ρ が一定か，もしくは圧力 p の関数として決まる流体のことをバルトロピー流体と呼ぶ．

ある時刻 t で点 P (x, y, z) にある小さな流体塊が時刻 $t+\delta t$ に点 Q $(x+\delta x, y+\delta y, z+\delta z)$ に $v=(u, v, w)$ の速度成分で移動する場合，この微小流体塊の特性の変化率を考える．ここでいう特性とは速度，温度，密度などで記号 f で代表する．$\delta x = u(x, y, z, t)\delta t$, $\delta y = v(x, y, z, t)\delta t$, $\delta z = w(x, y, z, t)\delta t$ であることから f の変化率を Taylor 展開し，2次より高次の微少量を無視すると，

$$\delta f = f(x+\delta x, y+\delta y, z+\delta z, t+\delta t) - f(x, y, z, t)$$
$$= \frac{\partial f}{\partial x}\delta x + \frac{\partial f}{\partial y}\delta y + \frac{\partial f}{\partial z}\delta z + \frac{\partial f}{\partial t}\delta t \tag{6.1}$$

微小時間 $\delta t \to 0$ に持っていった際の $\delta f/\delta t = Df/Dt$ とすると

$$\frac{Df}{Dt} = \left(\frac{\partial}{\partial t} + u\frac{\partial}{\partial x} + v\frac{\partial}{\partial y} + w\frac{\partial}{\partial z}\right)f \tag{6.2}$$

この式が流体塊とともに移動するときの特性の時間変化率となる（位置座標 (x, y, z) を固定したときの f の時間変化は $(\partial f/\partial t)$ で与えられることに注意）．

質点系におけるニュートン（Newton）の第2法則（$\boldsymbol{F}=M\alpha$, $\boldsymbol{F}$：力, M：質量, α：加速度）に相当する流体系の基礎方程式は Euler により導かれた．**図 6.2** のように各座標軸に垂直な面を持つ直方体の微小流体塊を仮想する（各辺の長さは $\delta x, \delta y, \delta z$ とする）．この流体塊の質量 M は

$$M = \rho\delta x\delta y\delta z \tag{6.3}$$

この流体が単位質量あたり $\boldsymbol{F}$ (F_x, F_y, F_z) の力を受けながら，Newton の運動法則に従って運動しているとする．上記の(6.2)式の f に u を代入すると流体塊のある点での x 方向への局所的な加速度 α_x $(\equiv Du/Dt)$ が得られる．

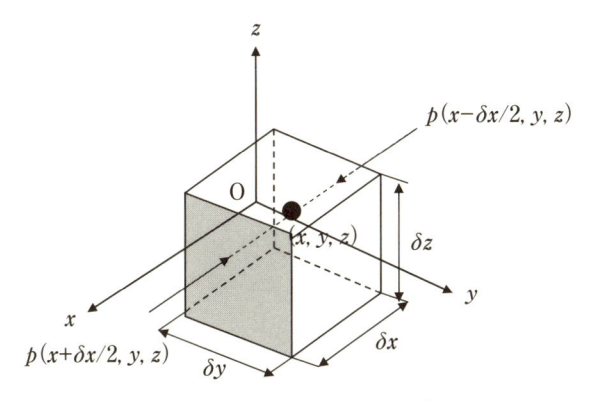

図 6.2 微小な流体塊に作用する力[6]．
$p(x, y, z)$ は点 (x, y, z) における圧力を表す．

$$\alpha_x = \frac{Du}{Dt} = \frac{\partial u}{\partial t} + u\frac{\partial u}{\partial x} + v\frac{\partial u}{\partial y} + w\frac{\partial u}{\partial z} \tag{6.4}$$

y, z 方向の加速度も同様に v, w を代入することにより得られる．完全流体に働く力の1つは面を通しての垂直圧力 p であるから，面積 $\delta y \delta z$ に対して作用する力は2次以上の項を無視すると，図6.2より

$$\left\{ p\left(x - \frac{\delta x}{2}, y, z, t\right) - p\left(x + \frac{\delta x}{2}, y, z, t\right) \right\} \delta y \delta z = -\frac{\partial p}{\partial x} \delta x \delta y \delta z \tag{6.5}$$

完全流体に働くもう1つの力は質量力[*1]であり，流体の単位質量に働く外力が $\boldsymbol{F}(F_x, F_y, F_z)$ であるので，流体の微小体積 $\delta x \delta y \delta z$ に働く外力は，$\rho \boldsymbol{F} \delta x \delta y \delta z$ であることを考慮すると，以下の式が得られる．

$$\frac{\partial u}{\partial t} + u\frac{\partial u}{\partial x} + v\frac{\partial u}{\partial y} + w\frac{\partial u}{\partial z} = F_x - \frac{1}{\rho}\frac{\partial p}{\partial x} \tag{6.6}$$

v, w についても同様の関係が得られる．

(6.6)式の左辺は(6.4)式と同じであるから

[*1] 重力や電磁気力など流体の分子に直接働きかける力．

$$\frac{Du}{Dt} = F_x - \frac{1}{\rho}\frac{\partial p}{\partial x} \tag{6.7}$$

となる．これらを Euler の運動方程式と呼ぶ．外力が重力の場合は $F_x = F_y = 0$，$F_z = -g$ となる．

また微小六面体への各面を通しての流入質量の総和は六面体の質量増加に等しくなることから，以下のような方程式が得られる．この式を Euler の連続方程式と呼ぶ．

$$\frac{\partial \rho}{\partial t} + \frac{\partial (\rho u)}{\partial x} + \frac{\partial (\rho v)}{\partial y} + \frac{\partial (\rho w)}{\partial z} = 0 \tag{6.8}$$

流体が非圧縮性であれば密度の実質微分は零であるから以下のようになる．

$$\frac{\partial u}{\partial x} + \frac{\partial v}{\partial y} + \frac{\partial w}{\partial z} = 0 \tag{6.9}$$

流体は連続体であり形状の変形は自由である．完全流体では接線応力は働かず，常に界面から垂直に働く圧力が応力として働く．運動が停止していれば形が変わっても変形に対する抵抗は働かず，このため変形は回復しない．一方，粘性を持つ流体では流体の変形の過程で変形速度に応じて抵抗が作用する．これは粘性による接線応力（せん断応力）が作用するためである．

流体力学におけるエネルギー保存則が Bernoulli の定理である．この式は Euler の運動方程式を流線に沿って積分することにより求められる．

$$\frac{1}{2}q^2 + \frac{p}{\rho} + gz = \text{const.} \tag{6.10}$$

ここで，第 1 項の $q^2/2$ は単位質量あたりの運動エネルギー（q は $q^2 = u^2 + v^2 + w^2$ で表される流速），第 2 項の p/ρ は単位質量あたりの圧力によるエネルギー，第 3 項は単位質量あたりの位置エネルギー（z は高さの座標）である．この式の数学的導出は本書では割愛する（詳細は文献(6)の p.57-65 参照）が，質点での運動系との大きな違いは第 2 項の圧力のエネルギーの存在である．この圧力は工学では静圧（static pressure）と呼ばれる．

6.2.2 粘性流体の力学[6,7]

先に述べたように，完全流体の力学では流体の持つ性質の1つである粘性，すなわち変形に対する抵抗の存在を無視している．19世紀末にイギリスのレイノルズ（Reynolds）は，流れには2つの明確に異なった状態があり，1つは整った流れ（層流），もう1つは流体粒子が乱れた流れ（乱流）であることを示した．このことは粘性流体の流体力学の成立上，不可欠であった．粘性流体の運動方程式は19世紀中ごろにナビエ（Navier）とストークス（Stokes）によりそれぞれ独立に導かれた．この式は後に述べるが，きわめて限られた条件でしか解が得られない．それはこの方程式が非線形であり，数学上の技巧だけでは解決が困難であったためである．20世紀に入り，ドイツのPlandtlは"境界層"という概念を導入し，流れを物体表面の粘性作用の強い領域とそれ以外の完全流体の領域に分けて取り扱うことにより，粘性流体の取り扱いの困難さを解決した．粘性流体の力学はReynolds，Navier，Stokes，Plandtlらにより発展し，解析上の諸問題が解決されていった．

図 **6.3** に示すように粘性流体で満たされた2枚の平行板のうち，一方を平行に動かす場合を考える．

平板の垂直方向を y 軸にとり，粘性係数を μ とすると平板に働くせん断応力 τ は，速度ベクトルを u とすると

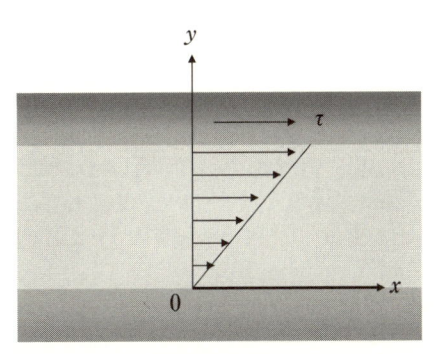

図 **6.3**　2枚の平行板に作用するせん断ベクトル[6]．

$$\tau = \mu \left(\frac{du}{dy}\right)_{y=0} \tag{6.11}$$

この関係は実在するほぼすべての流体に成立し，このような流体のことをNewton流体（Newton fluid）と呼ぶ．Newton流体にならないものにはダイラタント流体[*2]やビンガム流体[*3]，擬塑性流体[*4]などがあり，これらはスラリーやサスペンション[*5]などの固体-液体混合系などによくみられる．

図 **6.4** に示すように立方体の流体塊を考えると，面に働く応力の成分は，面に垂直な圧力 σ と，面に平行なせん断応力 τ で記述でき，それぞれ作用している面を第1の添え字に，力の成分方向を第2の添え字にして表すと，以下のような応力テンソル P が表記できる．

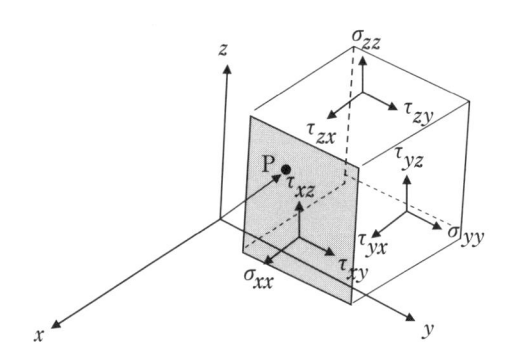

図 6.4 立方体の流体塊に作用する応力[6]．

[*2] ズリ速度の増加率に対してズリ応力の増加率が増加するレオロジー特性を持つ流体．水を含んだ海岸の砂などにみられる．
[*3] ズリ応力と降伏応力の差が塑性粘度とズリ速度の積に等しくなるレオロジー特性を持つ流体．ペイント，練り歯磨き，バターなどの流動特性に現れる．
[*4] ダイラタント流体とは逆にズリ速度の増加率に対してズリ応力の増加率が低下するレオロジー特性を持つ流体．
[*5] 固体-液体の混合系で主にコロイド固体粒子が分散した系をサスペンション（分散粒子が特に小さいものはゾルと呼ぶこともある）と呼び，コロイドより大きな固体分が分散したものを主にスラリーと呼ぶ．

$$P = \begin{bmatrix} \sigma_{xx} & \tau_{yx} & \tau_{zx} \\ \tau_{xy} & \sigma_{yy} & \tau_{zy} \\ \tau_{xz} & \tau_{yz} & \sigma_{zz} \end{bmatrix} \quad (6.12)$$

静水圧では $\sigma_{xx} = \sigma_{yy} = \sigma_{zz}$ で与えられ，応力テンソルは対称テンソルである．すなわち，$\tau_{xy} = \tau_{yx}$，$\tau_{xz} = \tau_{zx}$，$\tau_{yz} = \tau_{zy}$ である．(6.11)式から，平板間の粘性流体ではせん断応力 τ はせん断変形 $\gamma = du/dy$ に比例する．せん断変形 γ_{xy} は，$\gamma_{xy} = (\partial v/\partial x) + (\partial u/\partial y)$ で定義されることから，

$$\tau_{xy} = \tau_{yx} = \mu \gamma_{xy} = \mu \left(\frac{\partial v}{\partial x} + \frac{\partial u}{\partial y} \right) \quad (6.13)$$

他の成分についても同様に記述できる（$\tau_{xz} = \tau_{zx}$, $\tau_{yz} = \tau_{zy}$）．

一方，σ については $\gamma_{xx} = (\partial u/\partial x) + (\partial u/\partial x) = 2(\partial u/\partial x)$ であることから，法線応力を p とし，非圧縮性流体（圧力による体積変化なし）とすると以下のように書ける．

$$\sigma_{xx} = -p + 2u \frac{\partial u}{\partial x} \quad (6.14)$$

x 軸方向に作用する法線力は x 面には $-\sigma_{xx}dydz$，$x+dx$ 面には $(\sigma_{xx} + (\partial \sigma_{xx}/\partial x)dx)dydz$ の力が作用するので差し引き $(\partial \sigma_{xx}/\partial x)dxdydz$ である．一方，x 軸方向に作用するせん断力は，例えば y 面を考えると $-\tau_{yx}dxdz$，$y+dy$ 面には $(\tau_{yx} + (\partial \tau_{yx}/\partial y)dy)dxdz$ の力が作用するので差し引き $(\partial \tau_{yx}/\partial y)dxdydz$ である．z 面についても同様であるので，これらの成分をまとめると，この流体塊の x 軸方向に作用する力は単位質量あたり，

$$\frac{1}{\rho} \left(\frac{\partial \sigma_{xx}}{\partial x} + \frac{\partial \tau_{yx}}{\partial y} + \frac{\partial \tau_{zx}}{\partial z} \right) \quad (6.15)$$

と書ける．

したがって Euler の方程式(6.7)に対して，その右辺にこの粘性による項を付加すれば粘性流体の運動方程式が得られる．x 軸に対しては，

$$\rho \frac{Du}{Dt} = \rho F_x - \frac{\partial p}{\partial x} + \mu \left(\frac{\partial^2 u}{\partial x^2} + \frac{\partial^2 u}{\partial y^2} + \frac{\partial^2 u}{\partial z^2} \right) \quad (6.16)$$

これが Navie-Stokes の運動方程式（Navie-Stokes equation）である．

Navie-Stokes の式において，左辺の $\rho Du/Dt$ は慣性項[*6]である．右辺の第1項は質量力であり，第2項は圧力項，第3項は粘性力項である．質量力は流体特有ではないので一般に取り上げない．したがって実際の力学挙動は慣性力，圧力，粘性力のバランスで決まることになる．粘性が小さい場合，流体の運動は慣性力と圧力が優位になり，その極限は完全流体の流れである．一方，慣性力が小さければ流体場は圧力と粘性力の釣り合いで支配される．慣性力の粘性力に対する比のことを Reynolds 数（Reynolds number）Re と呼び，以下のような式で記述される．

$$Re = \frac{Ul}{(\mu/\rho)} \tag{6.17}$$

ここで，U は代表的流速，l は流れの代表的長さ，μ/ρ は動粘性係数である．流体中の物体に作用する力は，Re が充分大きい流れでは圧力によるものであり，逆に充分小さい流れでは粘性による表面摩擦力と圧力による．

例えば，10 m の船長の船舶が 3 ノット（1.5 m/s）で進む場合，水の粘性率を 8.54×10^{-4} Pa·s，密度を 1000 kg/m³ とすると，その際の Reynolds 数は，$Re = 1.5 \times 10/(8.54 \times 10^{-4}/1000) = 1.76 \times 10^7$ となる．この値は後に述べるように乱流になる．この条件でこの船舶は乱流を受けることになる．

ここで，無限に長い平板が，瞬間的にある一定方向に一定速度 U_0 でその面の方向に運動し始める場合の流れを考える．この問題はレイリー（Rayleigh）の問題と呼ばれ，流れは定常平行流であるが粘性の作用を理解する上で重要である．平板面を xy 面，移動方向を x 方向とすると（図 6.3 参照），Navie-Stokes の式は

$$\frac{\partial u}{\partial t} = \nu \frac{\partial^2 u}{\partial y^2} \tag{6.18}$$

と書ける．ただし ν は前述の動粘性係数 (μ/ρ) である．ここで関係式

$$\frac{Du}{Dt} = \frac{\partial u}{\partial t} + u\frac{\partial u}{\partial x} + v\frac{\partial u}{\partial y} + w\frac{\partial u}{\partial z} = \frac{\partial u}{\partial t}$$

[*6] 慣性とはその流体部分があくまでも同じ速度でそのまま同じ方向に進もうとする性質．

$$\therefore \quad \frac{\partial u}{\partial x}=0,\ v=w=0 \tag{6.19}$$

を用いた．境界条件は以下のようにとる．ただし t は時間である．

$$t \leq 0 : u=0 \ (y \geq 0)$$
$$t > 0 : u=U_0 \ (y=0)$$
$$u=0 \ (y=\infty)$$

$\eta = \dfrac{y}{2\sqrt{\nu t}}$ という形に変数変換を行い，$u(y,t)=U_0 f(\eta)$ と置くと，上の境界条件を満たす解は

$$u = U_0(1 - erf(\eta)) \tag{6.20}$$

ここで erf は誤差関数であり，以下の式で表される．

$$erf(\eta) = \frac{2}{\sqrt{\pi}} \int_0^{\eta} e^{-\zeta^2} d\zeta \tag{6.21}$$

したがって流速分布 $u/U_0 = 1 - erf(\eta)$ となる．これを t を変数として座標 y に対して記述すると**図 6.5** のようになる．ここで図中の $\delta(t)$ は流速 u が壁面速度 U_0 の約 0.5%（$u/U_0 = 0.0047$）に落ちる高さである．これは $erf(\eta) = 0.9953$, すなわち $\eta = 2$ に相当する．このとき

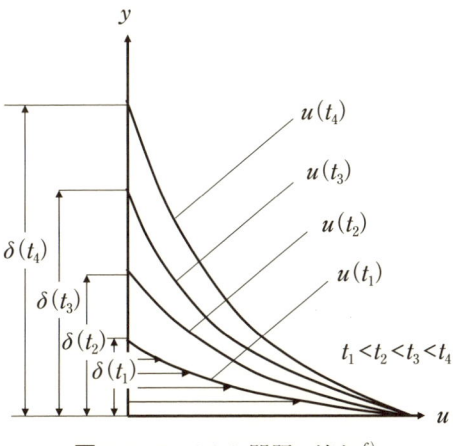

図 6.5 Rayleigh 問題の流れ [6]．

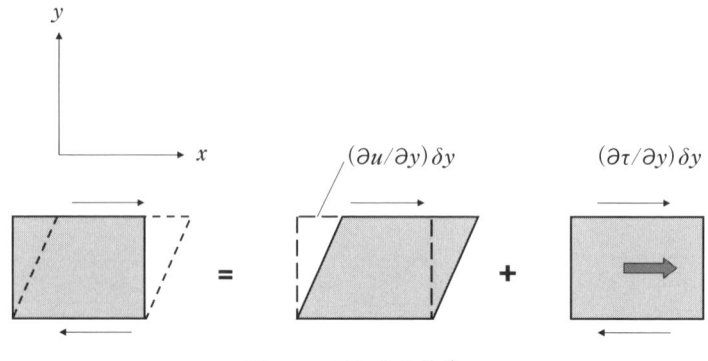

図 6.6 歪む直方体[6].

$$\delta(t) = 4\sqrt{\nu t} \tag{6.22}$$

となり，$\delta(t)$ は時間の平方根に比例する．

粘性にはよく知られているように，流れのエネルギーを散逸させる作用がある．**図 6.6** に示すように x-y 軸に平行な直方体がせん断力により歪む場合を考える．直方体の上面 $(y+\delta y)$ において下の流体に対してなされる粘性の仕事率（力 × 速度）は $(\tau u)_{y+\delta y} dxdz$ であり，これと下面 (y) での $(\tau u)_y dxdz$ の差から，$\{\partial(\tau u)/\partial y\} dxdydz$ である．単位体積について表すと

$$\frac{\partial(\tau u)}{\partial y} = \tau\frac{\partial u}{\partial y} + u\frac{\partial \tau}{\partial y} \tag{6.23}$$

となる．右辺の第 1 項は上下両面に働くせん断応力が作り出すズリ変形による仕事であり，流体を変形させ熱として非可逆的に散逸する．第 2 項は上下両面に働くせん断応力が流体塊を加速（もしくは減速）し，運動エネルギーを変化させる仕事であり，エネルギーは散逸しない．結局粘性によるエネルギー散逸は以下のようになる．

$$\tau\frac{\partial u}{\partial y} = \mu\left(\frac{\partial u}{\partial y}\right)^2 \tag{6.24}$$

粘性のせん断応力のなす仕事のうち，流体のズリ変形や伸縮はエネルギー散逸に寄与することを示している．

実際に問題となる流れのほとんどはReynolds数Reが1000以上の大きい流れである．Reynolds数が大きい流れの場合，壁の近くではせん断変形速度が大きく，粘性作用の無視し得ないごく薄い層が存在し，その外側では流れは非粘性流と考えてよい．Plandtlはこの物体表面近くの粘性が無視できない薄い層のことを境界層（boundary layer）と名づけた．境界層理論では，先に記述したRayleighの問題から示されたように境界層の厚さは時間の平方根に比例する（(6.22)式参照）．時間tは，流れが物体（壁面）の存在を感じてからの経過時間と見なせる．したがって物体の先端からの距離xを主流速Uで割った値であり，これをδに代入するとReynolds数の平方根に反比例することになる，すなわち，

$$\frac{\delta}{1} \cong \frac{\sqrt{vx/U}}{x} = \sqrt{\frac{v}{Ux}} = (Re)^{-1/2} \qquad (6.25)$$

なお，境界層の具体的な厚さについては様々な報告があり一定していない．

6.3 流体力学から考えられる液滴の転落性

粗さが同程度で異なる組成の固体表面で，同一流体の転落加速度に違いがある場合，転落性に優れている方の表面では流体の粘性散逸が少なく（液体の変形が小さい＝転落時の接触角ヒステリシスが小さい），境界層の厚さも薄いことが流体力学から予想される．したがって様々な転落速度に対する液滴の変形度合や，その際の液滴の内部流動の可視化により流体の流動状態と固体表面の性状との対応がつけられる．多くの撥水表面で実用上重要と考えられる液滴は長さが1～2 mm程度であるが，傾斜角30度程度で実測するとその速さから求められるReynolds数は均質性の高い撥水表面では容易に100を超え，慣性力の支配の領域に入る場合が多い．

図6.7のように傾斜角αにおける水滴の転落を考える．傾斜方向にx軸をとり，液体の各点の速度ベクトルはx方向を向いており，速度勾配がy方向にのみ存在するとする．等速運動状態での（すなわち$Du/Dt=0$）Navie-Stokesの運動方程式(6.16)は

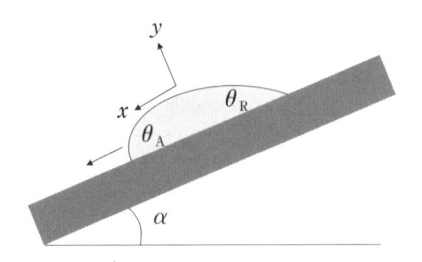

図 6.7 傾斜を転落する水滴.

$$\mu \frac{\partial^2 u}{\partial y^2} = \frac{\partial p}{\partial x} - \rho g \sin \alpha \tag{6.26}$$

と書くことができる[8,9]．これを解くには液滴の各点に対する静水圧項を液滴高さから求め，解析的に解を得ることが行われる．

　この式では重力方向の成分とそれ以外の力がバランスした，いわば等速運動を想定している．しかしながら実際の水滴の挙動を観察すると，後述するように等速度運動をする場合と等加速度運動する場合がある．等加速状態の運動を流体力学的に記述するなら

$$\rho \frac{du}{dt} = \rho g \sin \alpha - \frac{\partial p}{\partial x} + \mu \frac{\partial^2 u}{\partial y^2} \tag{6.27}$$

となるが，この式は様々な仮定を置かないと容易には解くことができない．また等加速度運動をするものは，充分な時間が経過した際に界面からの摩擦抵抗や空気抵抗，粘性散逸などにより転落方向の重力成分とバランスして等速度になるとは必ずしも限らず，転落速度の増加に伴い固体-液体の接触界面の長さが徐々に増加し，液体が伸張した後，引きちぎれる場合もある．加えて水滴の転落の実験では速度が飽和しない初期の転落状況しか観測できない場合が多い．管内や板間を流体が流れる流体と異なり，固体表面での液滴の除去にかかわる運動の解析は実際には大変複雑である．

　流体力学は水滴の転落挙動の理解にあたっては知っておかなければならない物理であるが，これだけでは撥水性固体表面での複雑な液滴の運動を支配する因子とその寄与の大きさを解釈することはできない．特に転落加速度に影響を

与える固体表面の因子とその寄与の程度に関する情報は，表面科学的な視点からの検討が必要となる．次に表面科学的な視点から水滴の転落加速度の研究事例をいくつか紹介する．

6.4 表面科学的視点からの転落加速度の研究

　三輪らは傾斜した超撥水表面上での水滴の転落加速度を実測し，重力加速度の傾斜方向成分とほぼ同じ加速度で等加速度的に転落することを明らかにしている[3]．これは，Cassie モードにより空気を固液界面に充分に嚙み込んだ超撥水状態では，水が浮上状態に近くなり，重力による転落に対しほとんど抵抗を受けないためである．一方，Quere と Richard は超撥水表面上でグリセロールが等速運動で転落することを示している[10]．グリセロールは粘性の高い有機系の液体であるが，水とあまり変わらない高い表面エネルギー（64×10^{-3} (J/m^2)）を有する．この場合，液滴の流動抵抗が高いことにより転落に対し大きな抵抗力として働いたため，水で得られるような等加速度運動にはならず，等速度運動となる．この結果は超撥水表面上での液滴の転落挙動が液滴粘性にも依存することを示している．

　従来，撥水性固体表面での液滴の転落挙動は，キャタピラ状に液滴自体が回転しながら転落するモードで支配されている事例が多いとされてきた．これは転落角の測定のように傾斜を徐々に上げて行き，液滴が重力に抗しきれなくなって動き出す際の液滴挙動の直接観察や，転落時の加速度の実測値と着液半径・着液面積との関係から判断されている[11]．しかしながら転落加速度の評価の場合は，もともと傾斜角を液滴の転落角よりも高い値に設定しておき，その面の上に液滴を支持してから転落を開始して加速度測定を行う．このような測定方法で評価すると，液滴の大きさや表面の組成・状態により，回転とは異なるモードが出現することが明らかにされている．中島らはシリコン表面をオクタデシルトリクロロシランで処理した表面を作製し，傾斜角を 35° に固定してその上での様々な大きさの水滴を転落させ，その挙動を評価した[12]．その結果を図 6.8 に示す．水滴の転落が液の回転による場合，キャタピラ状に液滴が移

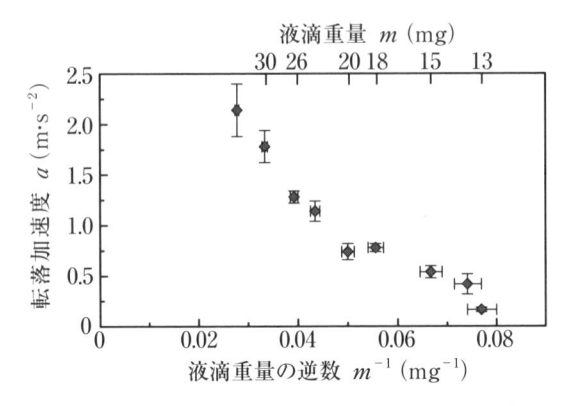

図 6.8 オクタデシルトリクロロシランで処理したシリコン上での水滴の転落加速度に及ぼす液滴重量の効果[12].

動するため重力に対する抵抗成分は三重線を引き剝がす力となり，Wolframの式(5.5)のように液滴の着液円周に依存する．しかしながら，すべりの場合は着液面全体が移動するので，転落に対する抵抗力は着液面積に依存すると考えることができる．傾斜角 α に対してのそれぞれの抵抗力（添字 1, 2 で区別する）を想定した運動方程式を質点の運動系で記述すると以下のようになる．

$$ma_1 = mg \sin \alpha - 2\pi r k_1 \quad (6.28)$$

$$ma_2 = mg \sin \alpha - \pi r^2 k_2 \quad (6.29)$$

ここで k_1, k_2 は定数，r は着液半径である．両辺を質量 m で割り，観測された加速度を Y 軸に，r または r^2 を X 軸にしてプロットし，屈曲点の前後で切片が $g \sin 35°$ と比較すると液滴の大きさが屈曲点よりも小さい場合はすべりモードの式(6.28)が $g \sin 35°$ にほぼ一致し，逆に液滴の大きさが屈曲点よりも大きい場合は回転モードの式(6.29)が $g \sin 35°$ にほぼ一致した．このことから液滴の大きさが小さい場合はすべりモードが，液滴が大きくなるにつれて回転モードが支配的になることが考えられる．前述のように，この測定では傾斜角が転落角より高く設定されている．このため液滴が小さい場合，回転モードで転落をするには大きな液滴に比べて大きな角速度を必要とする（加速度

=角速度^2×半径).液滴が小さいと大きな角速度が瞬時に得られずすべりが入ると考えられ,液滴が大きいと角速度が小さくてすむため回転モードが可能になると考えられている.したがって,傾斜角を徐々に上げていく転落角の測定方法による液滴の主要な転落モードと,傾斜角以上に初めから設定された場合の液滴の主要な転落モードは異なる場合があることが考えられる.

酒井らは,液滴本来の流動を阻害せず,液滴転落時における液滴内部流動の可視化を行うことを検討し,画像解析により液滴の内部流動の計測を可能にする独自の粒子画像流速測定法(別名 PIV 法(Particle Image Velocimetry).流体の中にトレーサ粒子を混入することで流れを可視化し,デジタル画像処理技術により,流れ場の速度情報を抽出するもの)を応用して転落する水滴の評価を行った[13].彼らは,超撥水表面と通常の撥水性表面2種(オクタデシルトリメトキシシラン(ODS:$CH_3(CH_2)_{17}Si(OCH_3)_3$)とトリフロロポリピルトリメトキシシラン(FAS3:$CF_3CH_2CH_2Si(OCH_3)_3$)を CVD 法によりシリコン基板にコーティングしたもの)の計3種を用い,これらの評価試料を傾斜角 35°に設置し,水滴(30 μL)の中に,インディケータ粒子としてポリスチレン粒子を 1.0 mass%混入して,転落する様子を高速度カメラで撮影した.予備実験からこの大きさのポリスチレン粒子 1.0 mass%の添加量では,水の粘性にほとんど影響しないことが分かった.得られた映像を解析することで,内部流動(V_p:粒子移動速度)を計測した.

測定結果を図 6.9 に示す.この画像では斜面に合わせてカメラも傾けているため水滴が水平に(右から左に)動く画像になっている.超撥水の固体表面上では転落に際しては等加速度的運動をし,液滴とインディケータ粒子の経過時間あたりの移動距離と水滴内の位置がほぼ同一であった.このことから液滴は「回転」運動せず,「すべり」だけで転落することが観察された.一方,ODS処理による撥水表面では液滴が転落するとき,液滴内はキャタピラのように「回転」運動をしたが,インディケータ粒子が斜面についている際にも外部座標に対して移動していた.完全なキャタピラ運動であればインディケータ粒子は斜面に付着している際には外部座標に対して停止しているはずであり,このことは液滴転落時に「回転」と「すべり」が共存することを意味する.また,

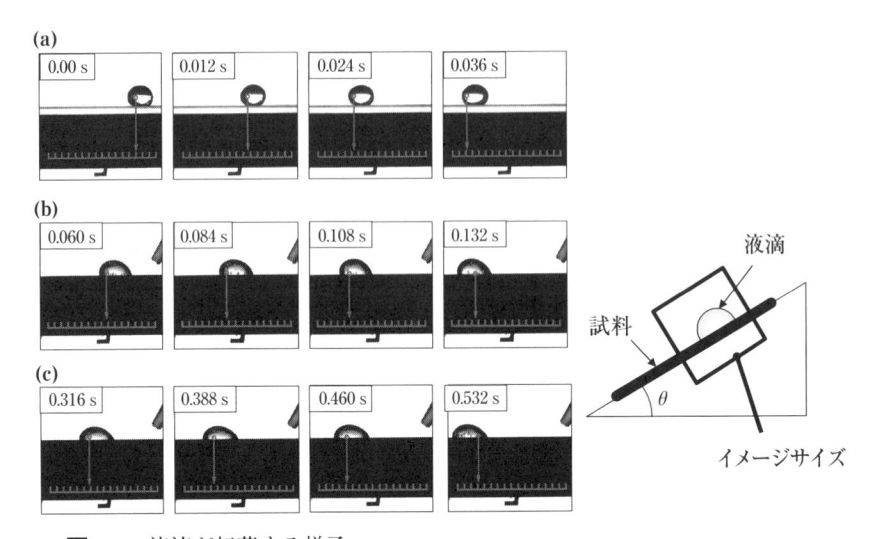

図 6.9 液滴が転落する様子.
(a) 超撥水性表面，(b) ODS 表面，(c) FAS3 撥水表面.
各図面で液滴内の基準インディケータ粒子の位置から外部座標に垂直線を引いてある．各フレーム内の数字は経過時間[13]．

液滴の転落挙動は，転落初期は加速度を持つが，0.08 (s) 以降は，等速運動した．同様に，FAS3 処理の撥水表面でも，「回転」と「すべり」が共存する現象がみられた．経過時間と移動距離の関係の回帰式から，経過時間における移動速度を算出し，液滴底部にある粒子の速度 V_p はすべり成分の速度 V_s と見なし，転落速度 ($V_t = V_s + V_r$) に対して，この残りの速度成分が，回転運動 V_r によりもたらされると仮定することで，超撥水性表面・ODS 表面・FAS3 表面におけるすべり速度成分は，それぞれ，100%，52%，37%であると結論付けた．このことは転落挙動の違い（「回転」と「すべり」の比率の違い）が転落加速度の測定結果に影響を与えることを示している．彼らが用いたこの方法は PIV 法のなかでも低密度 PIV 法または PTV 法 (Particle Tracking Velocimetry) と呼ばれるもので，粒子を直接トレースするので，後述する高密度 PIV 法より速度の精度が高い．

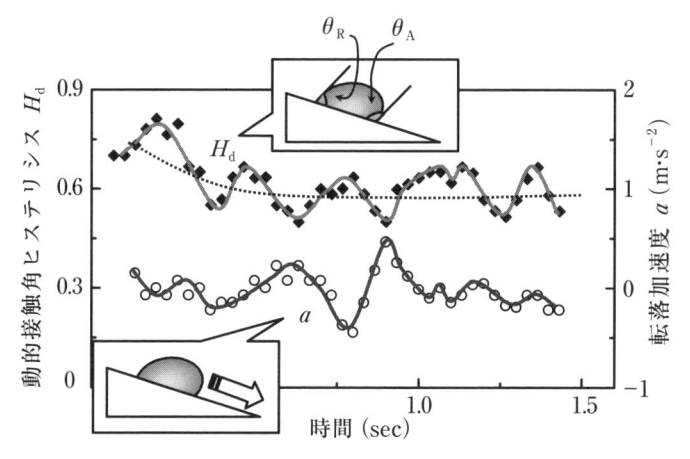

6.4 表面科学的視点からの転落加速度の研究

図 6.10 フッ素シランで処理したシリコン表面での水滴の転落時の接触角ヒステリシスと転落加速度との関係[14].

　鈴木らは，フッ素系のアルキルシランで処理した平滑なシリコン表面において水滴の転落を高速度カメラで観察した．その結果，水滴が stick-slip 運動（加速度が周期的に変化する現象で，横から見ると液滴が斜面に対して伸び縮みしながら，尺取虫の移動のような動きで転落する）をしながら転落すること，またこの際に液滴の接触角ヒステリシスと加速度が逆相関の関係にあることを明らかにしている（**図 6.10**）[14]．このような運動はフッ素系の薄膜コーティングを行った表面によく観察されるが，アルキル系のコーティング上でもみられる．この動きは固体表面と水滴との抵抗力により生まれると考えられ，類似の挙動は剛体間での摩擦運動でもしばしばみられる．この振動運動による接触角ヒステリシスの変化の大きさは傾斜角度や表面の均質性，水滴重量に依存する．傾斜角度が低く，表面が不均質で，水滴重量が小さいほどこの stick-slip 運動が起こりやすい．

　さらに鈴木らは，表面粗さが小さいフッ素系のシランとアルキル系のシランとの混合コーティングを作製し，その上での水滴の転落加速度を評価した．その結果，シランの混合比率を変えることで，加速度の大きさを連続的に変える

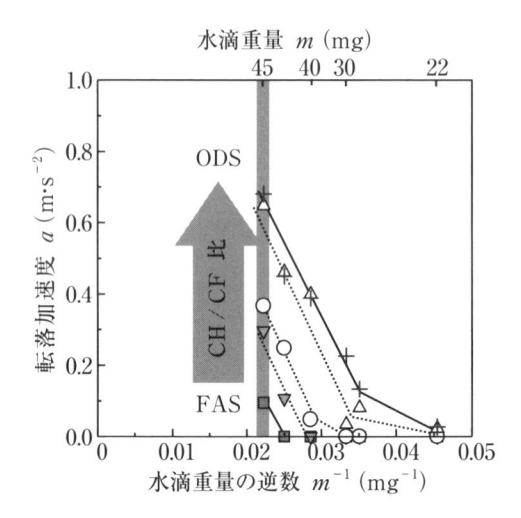

図 6.11 フッ素シランとオクタデシルトリメトキシシランを組み合わせて用いた際の液滴の転落加速度の表面組成依存性[15].

ことができることを見出した（**図 6.11**)[15]．彼らは同時に，液滴の転落挙動の解析から転落過程で水滴の長さが少しずつ伸びており，速度あたりの液滴の見かけの長さ変化が，フッ素成分の混入により顕著に大きくなることから，アルキルシランの方がフッ素系シランに比べ境界層が薄いことを予測している（**図 6.12**)．

Carre と Shanahan は液滴の着液が円形であることを前提にして，前端点での Young の式と後端点での Young の式との表面張力による力学的釣り合いをそれぞれ転落に対する三重線での単位長さあたりの抵抗力 f を用いて以下のように記述した（図 6.7 参照)[16].

$$\text{前端点：} \gamma_{SV} - \gamma_{LV}\cos\theta_A - \gamma_{SL} - f = 0 \tag{6.30}$$

$$\text{後端点：} \gamma_{SV} - \gamma_{LV}\cos\theta_R - \gamma_{SL} + f = 0 \tag{6.31}$$

ここでの f は三重線の移動に関する抵抗という意味合いで使用しており，その正体についての明確な規定はしていない．転落方向に対して f の作用方向は前端点と後端点ではいずれも斜面上方へ作用するが，その他の表面張力は方向が

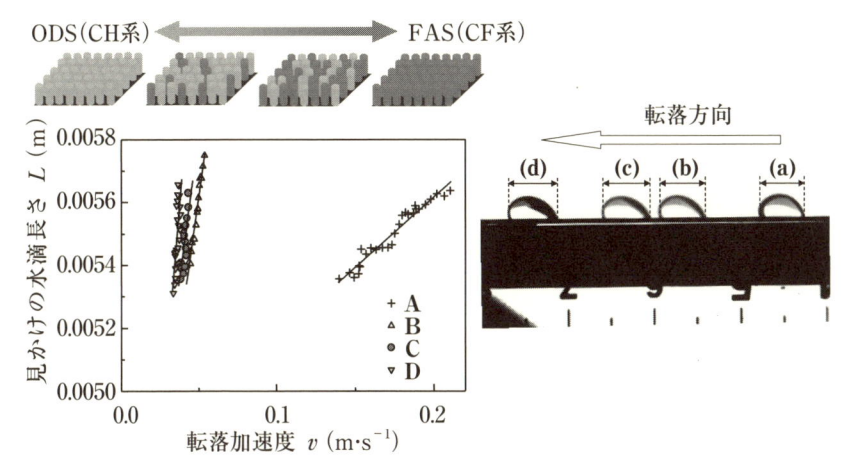

図 6.12 フッ素シラン(FAS)とオクタデシルトリメトキシシラン(ODS)を組み合わせて用いた際の液滴の長さ変化の表面組成依存性[15].
A は ODS のみで B, C, D の順に FAS が多くなる．いずれも転落の速度が上がるに従い水滴の長さが伸びていくが，その程度は組成により異なる．右図は FAS コーティング上で転落過程で長さが変化していく実際の液滴の連続写真 ((a)→(b)→(c)→(d)の順に長くなっていく様子が分かる).

逆転するため，f の前の負号は逆転している．
　両式から

$$f = \frac{\gamma_{LV}}{2}(\cos\theta_R - \cos\theta_A) \tag{6.32}$$

となる．前端点の前進接触角が連続的に後端点の後退接触角につながっていくと仮定し，着液半径を r とすると，抵抗力 F は最終的には以下のようになる．

$$F = \frac{\pi r \gamma_{LV}}{2}(\cos\theta_R - \cos\theta_A) \tag{6.33}$$

傾斜角を α としたとき斜面方向の重力とのバランスから

$$ma = mg\sin\alpha - F$$

と記述することができる．これは 5.2 節で述べた Furmidge の式と類似の抵抗力を受けることと類似した解釈になる．Carre の式と Furmidge の式の基本的

な違いは前者が長方形状の液滴形状を想定しているのに対し，後者は正円を仮定している．実際の液滴の形状はどちらかというと円に近いので，Carre の式のほうが実態に近いようである．

前章で述べた宋ら[17]，吉田ら[18]，および阿久津ら[19] の研究から，充分な平滑性が確保されている場合，大きさ 30 mg 程度の質量の水滴の傾斜角 35° での転落では，転落加速度の大きさと接触角とに一定の相関があり，表面組成（表面エネルギー）に影響される．一方，転落加速度は転落角に比べると表面の不均一性に影響されにくく，転落角の方がはるかに表面の不均一性に影響されることが明らかになっている．この傾向はシランカップリング材による表面処理でもポリマーベースの表面処理でも変わらない．

固体表面における水滴の転落加速度を支配している因子とその寄与の大きさについては，未だ明確になっているとは言い難い．しかしながらこれまでの研究から表面エネルギー（つまり化学組成）とその分布，および表面粗さの寄与があることは確実で，これらに加えて長距離力[*7]など副次的な要素が影響する可能性がある．またいくつかの実験事例から，これらの因子に最も顕著に影響を受けるのは転落角であり，次いで転落加速度が受けやすく，接触角はこれらの因子に最も影響されにくい．

6.5 平滑なフッ素表面での水滴の転落

高度な撥水性（大きい接触角），低い転落角，大きい転落加速度をすべて満たす撥水表面は最も理想的であるが，現実にはそのようなものを実現するのはかなり困難である．撥水表面での水滴の転落角は様々な材料について調べられており，中でもフッ素系の撥水表面では先にも述べたように接触角は高いものの「転落角」が高いことが知られている．

[*7] 例えばガラスにシランなどの単分子膜をコーティングしたものでは，分子の長さが数 nm であるため，ガラス表面からのクーロン力など比較的長距離まで及ぶ相互作用の効果を充分に遮蔽できるとは限らない．ミクロンオーダーのポリマー系コーティングであれば，このような効果は無視できる．

6.5 平滑なフッ素表面での水滴の転落

これは5.4節に記述したように①フッ素表面と水との間に相互作用が働き，水の自由な流動を阻害している（計算科学では氷状構造を有しているとの報告がある），②フッ素分子が柔軟性の乏しい剛直な分子構造である，といったことが影響していると考えられている．

水との相互作用が大きいフッ素系炭化水素の「転落角」を低下させる方法として，1）フッ素に何らかの別の基を混入し，相互作用を低減する，2）フッ素鎖の中に部分的にエーテル結合を導入し，分子の剛直性を低減する，といった技術が開発されている．これらは確かに転落角の低下効果があるが，「転落加速度」は必ずしも高くならない．

しかしながらフッ素表面から高い撥水性が得られ，水滴が転落しにくい点を上記の理由から直感的に理解するのは困難である．過去の多くの実験例について調べてみると，フッ素系表面の粗さを精密に計測・制御して，これらの「転落加速度」への影響を詳細に議論しているものは限られている．

吉田らはフッ素系のシランのコーティング過程での自己縮合反応を抑制して基板との反応を卓越させる条件を見出し，算術表面粗さでわずか0.1～0.2 nmという超平滑なコーティングを実現した[20]（フッ素系のシラン材料を特別な注意を払うことなく浸漬法やCVD（化学蒸着法：Chemical Vapor Deposition）などでコーティングすると，表面粗さ（算術表面粗さ）は1 nm以上になってしまう）．そしてこのようなコーティングでは液滴の転落加速度が著しく向上し，転落角が低下することを明らかにした．彼らはこのような平滑コーティングをポリマー系の材料でも開発し，同様の結果を得ている[18]．また彼らは同時に自己縮合反応を抑制したシランのコーティング条件の範囲がフッ素系ではアルキル系に比べてきわめて狭いことを明らかにした．これらの事実は，フッ素表面において水滴が転落しにくい事実が，シランカップリング剤の自己縮合による表面粗さの付与や，微量な未反応親水部の存在に起因する可能性が高いことを示唆している．

6.6 転落加速度の測定方法

　液滴の転落加速度の測定は一般にビデオカメラに転落挙動を記録し，その画像を解析することにより算出する．しかしながら固体表面の種類や形状と液滴の種類には様々な組み合わせがあり，さらには液滴の固体表面での加速度は液滴の大きさや傾斜角度，固体表面の材質により変化することが知られている．転落が速いものは市販のデジタルビデオカメラでの鮮明な画像獲得は困難で，精度が求められる測定では高速度カメラを用いる必要がある．

　加えて前述のように，特定の撥水表面では水滴の転落過程で前進・後退接触角の周期的な変化が出現したり，それに伴い液滴の長さや高さが変化する場合がある．したがって液滴の転落挙動を総合的に検討するには単に液滴の重心や斜面方向の前端点での加速度だけを測定するのでは情報として充分でなく，加速度の測定と合わせて液滴の形状変化も同時に記録・評価する必要がある．このためには速度計測と同時に形状解析も行えるシステムが望ましい．

　さらに液滴の採取体積の精度も高いほうがよく，また転落角測定の場合とは異なり，初めから傾斜している試料表面に液滴を置いて，毎回一定の条件でな

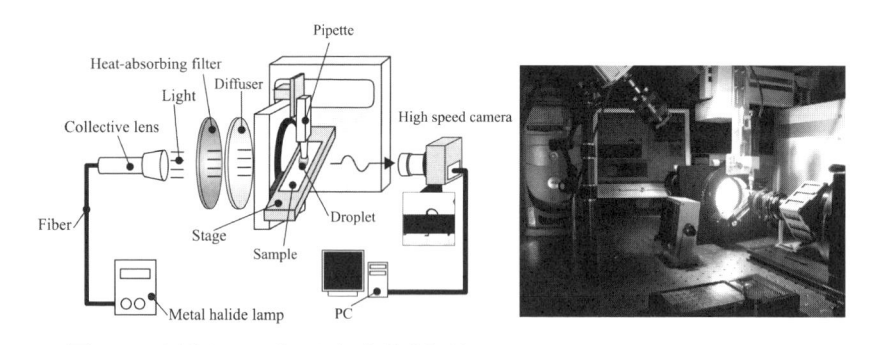

図 6.13 酒井らが開発した転落挙動解析システム．
側面から高速度カメラで液滴の転落挙動を撮影し動画解析を行うことで，基板上の液滴の転落加速度，前進後退接触角，液滴の高さ，液滴の長さを，同時かつ連続的に計測できる．一連の作業は完全自動化されている．

6.6 転落加速度の測定方法

るべく振動を与えず静かに転落を開始させることが必要であることから，液滴の操作は人的精度の要因が入らないよう自動化することが望まれる．図 **6.13** に酒井らが開発した転落挙動研究用の装置例の概念図と概観を示す[21]．

彼らは液滴の中心部分での流動状態を可視化するため，液滴に蛍光を発するポリマー粒子を混入させ，液滴の移動方向に対して平行にシートレーザ光を設置することで液滴に混入された粒子による鮮明な断面映像を取得することにも成功した．この方法は PIV 法の中でも，高密度 PIV 法と呼ばれる方法である．液滴を一定の画角に分割し，その各ピクセルの輝度を計算し，所定時間後に同じ輝度のピクセルを探し出して移動分の速度ベクトルを計算する．各速度ベクトルを図示することで液滴内での速度ベクトルの分布状態を可視化することができる点が前述の低密度 PIV 法（PTV 法）と異なる．

図 **6.14** は，フッ素系シランをコーティングした撥水表面を転落する水滴の内部流動の速さの分布を示したものである．傾斜角は 35° である．

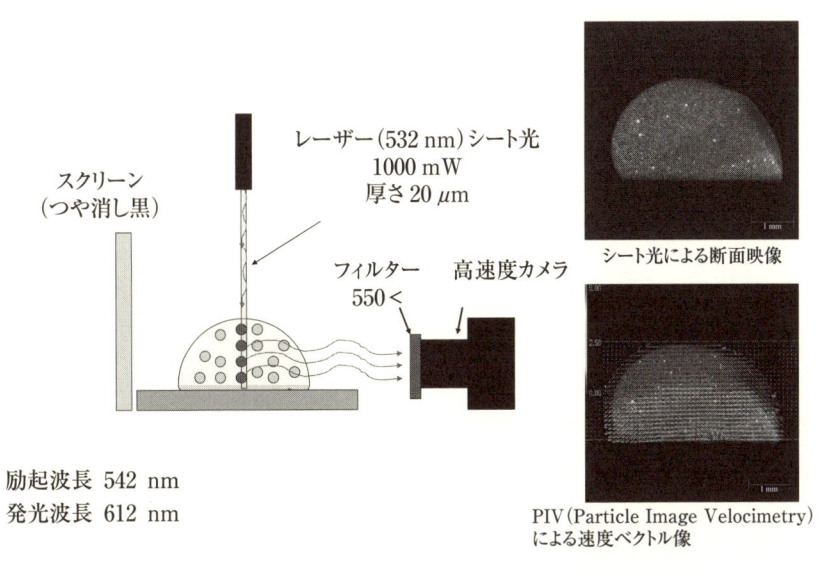

図 6.14 酒井らが開発したシートレーザ光を使った液滴の断面映像と内部流動の可視化．転落する液滴内での速度の分布が可視化されている．

6.7 濡れ広がりとコーティングに関する動力学

6.7.1 三重線の動力学[22]

静止している際の接触角 θ と移動しているときの接触角(動的接触角 θ_D)は一般に異なる．これは静止状態に比べ，移動している状態では固体と液体の界面に抗力が作用するためである（図 **6.15**）．このことは，転落角を示す接触角ヒステリシスと，転落中の液滴が示す接触角ヒステリシスは異なることを意味している．移動している際の液体を引っ張る力は

$$F = \gamma_{SV} - \gamma_{SL} - \gamma_{LV}\cos\theta_D \tag{6.34}$$

で与えられ，θ_D が静的接触角に等しい場合はこの抗力がゼロになる．すなわち優れた転落性が得られる．Hoffmann は完全に濡れる（静止時の接触角 $\theta_E \approx 0°$）毛管内の液体をピストンで様々な条件で押すことで強制的に変化させ，その移動速度 V が θ_D の3乗に比例することを示した[23]．三重線の動力学には局所的な現象と流体内部の全体的な粘性流動が同時に関係しているが，このような完全濡れの流体では理論的にも θ_D の3乗に速度が比例することが示されている（参考文献(22)，pp.137-140 参照）．また Tanner は水平方向の液滴の半径の増加速度を検討した．その結果，滑らかで清潔な表面では不揮発性の液体が固体表面を完全に濡らす場合，θ_D は拡張係数（(3.30)式）に依存せず，時間 t に対して以下のような関係が得られた[24]．

$$\theta_D \sim t^{-3/10} \tag{6.35}$$

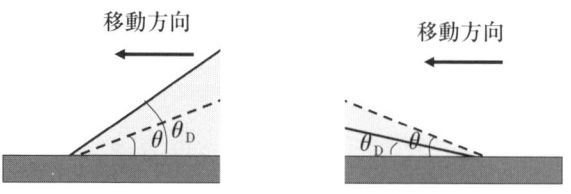

図 6.15 移動している3相界面での接触角[22]．
θ は静的接触角，θ_D は移動時の接触角．

6.7 濡れ広がりとコーティングに関する動力学　　　131

時間とともに θ_D が低下するのは完全濡れであるためで，この関係は Tanner の法則と呼ばれている．

6.7.2 動的メニスカス[22]

　液体材料の固体表面へのコーティング技術の1つとしてディップコーティングがある（9章参照）．この技術は原料液体に固体を浸漬し，所定の条件で引き上げることにより，液体材料を固体表面に被覆する技術であり，様々な工業材料の表面処理に適用されている．この際の液体の固体界面との間に形成するメニスカスの大きさは動的なメニスカスであり，静的な状況で形成されるものとは異なる（図6.16参照）．拡張係数 S（(3.30)式）が正で固体をよく濡らす液体の場合，2つの界面に注目する必要がある．固体-液体界面では液体の粘性により，液体は固体とともに引き上げられる．一方，液体-気体界面には表面張力が作用し，この変形に抵抗する．さらに液体には重力も作用するが，引き上げ速度が遅い場合には重力の寄与は小さく，実質的には無視できる．粘性と表面張力が競合するこのような状況の中でこれらを比較する量として毛管数（capillary number）Ca がある．

$$Ca = \frac{\mu V}{\gamma} \tag{6.36}$$

ここで，μ は粘性係数，V は固体の引き上げ速度，γ は液体の表面張力である．毛管数は無次元である．定常状態で粘性力が慣性力（(6.16)式参照）を上回る場合は，液膜の厚さを e とすると，単位面積あたりに作用する粘性力は $\mu(du/dy) \approx \mu(V/e)$ と書けるので，液膜の単位体積に働く粘性力は単位面積あたりの粘性力を液膜の厚さ e で除し，$\mu(V/e^2)$ となる．静的メニスカスから動的メニスカスにつながる部分での曲率は静的なメニスカスの頂上での曲率 κ と見なせる．この値は毛管長 ℓ（(3.55)式参照）の逆数程度である（図3.18参照）．**図6.16** に示す動的メニスカスの広がりの長さを l とすると，Laplace 圧力の勾配は $\gamma\kappa/l$ で与えられる．このことから粘性力と Laplace 圧力の釣り合いを考えると，

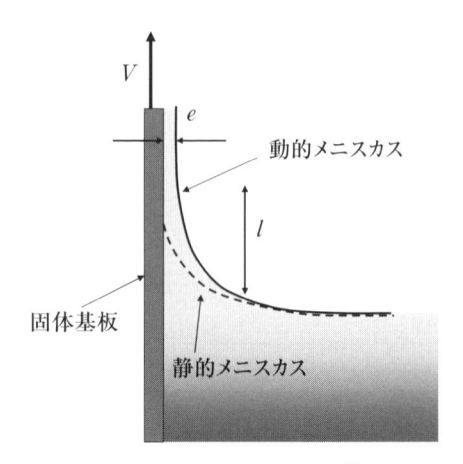

図 6.16 動的メニスカス[22].

$$\frac{\mu V}{e^2} \approx \frac{\gamma\kappa}{l} \approx \frac{\gamma}{l\ell} \quad (6.37)$$

動的メニスカスはほとんど平面で，静的メニスカスにつながっていく．したがって，その曲率は e の形状の2階微分で与えられ，e/l^2 と同じ次元になる．一方，曲率は $1/\ell$ の程度となることから，$\ell e \approx l^2$ が得られる．この関係と，(6.36), (6.37)式より次の2つの式が導かれる．

$$e \approx \ell \times \sqrt[3]{Ca^2} \quad (6.38)$$

$$l \approx \ell \times \sqrt[3]{Ca} \quad (6.39)$$

これらの関係を被覆の法則という．もしくはこの内容を検討した研究者の名前を取り，ランダウ-レビッチ-デルヤギン（Landau-Levich-Derjaguin）則（LLD則）と呼ぶ．この計算が成り立つのは動的メニスカスが静的メニスカスで受ける摂動が弱い場合に限られる．また毛管数は 10^{-3} 以下であり，流れは固体表面に対して平行でなくてはならない．毛管数が1に近づいた場合は重力による効果が無視できなくなり，膜厚の影響が出る．この場合は粘性力と重力との釣り合いを考慮する必要があり，この場合は以下のような関係が得られ

ている[25].

$$e \approx \ell \times \sqrt{Ca} \tag{6.40}$$

6.7.3 含浸の動力学[26]

液体に内径の小さい管を接触させると液が上昇していく様子がみられる．この現象を含浸（impregnation）という．多孔質物質への含浸は工業材料の製造の中で重要なプロセス技術である．原油から硫黄や窒素を取り除くために使用する触媒の担体はアルミナやシリカ，ゼオライトなどを主成分とする多孔体である．この触媒は活性金属（Mo, Co, Ni, W など）の塩を溶解した液をこの担体に含浸し，乾燥，焼成を行うことにより，活性金属をナノレベルで担体に担持してある．触媒の性能は含浸の良否が大きく影響する．

含浸は毛細管流動現象であり，その基本式はポワズイユ（Poiseuille）の式である．半径 r，長さ L の管から流出する単位時間あたりの流体の体積は圧力差を ΔP，液粘度を η とすると，

$$Q = \frac{\pi \Delta P r^4}{8L\eta} \tag{6.41}$$

浸透時間 t のときの浸透距離を x とすると，

$$Q = \pi r^2 \frac{dx}{dt} \tag{6.42}$$

気体-液体界面の表面張力を γ_{LV}，接触角を θ とすると，$\Delta P = (2\gamma_{LV}/r)\cos\theta$ であるから(6.41)式の L を x とし，(6.42)式から次の式が得られる．

$$x^2 = \left(\frac{r\gamma_{LV}\cos\theta}{2\eta}\right)t \tag{6.43}$$

この関係を Washburn の式と呼ぶ．すなわち含浸距離は時間の平方根に比例する．

多孔体の気孔率を ε，細孔の表面積を S_p，多孔体の長さを L_p とすると，浸透する速度は以下の式で表される．

$$U = \frac{\varepsilon^2 \Delta P}{k(1-\varepsilon)^2 S_p^2 \eta L_p} \tag{6.44}$$

ここでの k は定数であり，Kozeny-Carman 定数と呼ばれる[26]．

6.8　外場を用いた液滴の制御

　固体の界面に表面エネルギーの勾配がある場合，液滴の接触角は**図 6.17** に示すように液滴の一方が高く，一方は低くなる．この表面エネルギーの不均一は，拡張係数 S ((3.30)式) がより大きくなる方向，すなわち接触角が小さい方向に液を駆動する．これは前端点と後端点とで Laplace 圧力が異なることに起因する．したがって表面エネルギーに勾配がある（斜面方向に表面エネルギーが連続的に変化している）表面を適当に傾斜させると液は斜面を登ることができる．Chaudury らはデシルトリクロロシランの濃度を変えて作製したこのような表面で傾斜をつけても液滴がその斜面を登っていくことを示した．したがって何らかの外場により固体表面の分子の形態を著しく変化させることができる場合，液滴の制御が可能となる[22,27]．

　一方，気体と液体の界面で温度差が生まれると，固体と液体の表面エネルギーと固体-液体間の界面エネルギー全体のバランスが崩れる．この場合も，接触角は**図 6.18** に示すように液滴の一部が高く，一部は低くなる．しかしながらこの場合，拡張係数 S がより大きくなる方向への液の駆動力に対し，液の温度勾配を少なくするように，高温側から低温側へと流体の移動が起こる．このような現象をマランゴニ（Marangoni）効果と呼ぶ[22]．これらはそれぞれ反対向きの駆動力であり，後者が勝る場合，液は冷たい領域に向かって移動す

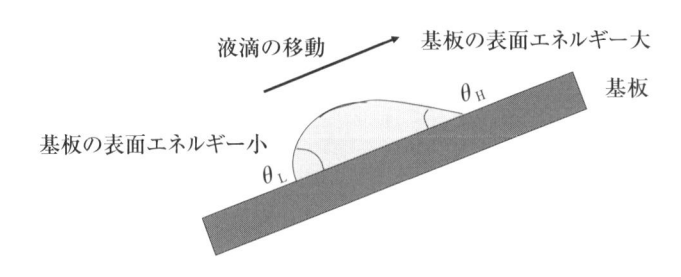

図 6.17　表面エネルギー勾配がある場合，液滴は斜面をよじ登る．

6.8 外場を用いた液滴の制御

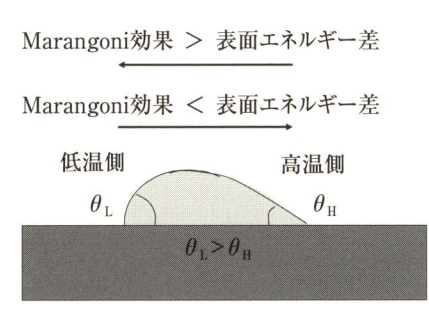

図 6.18 温度差ができた液滴.

る（図 6.18 参照）．Brzoska らはポリジメチルシロキサンをシラン処理したシリコンに載せ，水平な基板上の運動に対して温度勾配の影響を調べた[28]．その結果，この場合は，Marangoni 効果が勝り，冷たい方向に流れが生じることを示した．

Sun らは感熱性高分子を用いることにより，25℃ と 40℃ で水接触角が 63.5° から 93.2° まで変化することを報告している[29]．また市村らはアゾベンゼンの光によるシス-トランス異性化を巧妙に用いることで，光により液滴を移動させることに成功している[30,31]．彼らの検討では，トランス体の後退接触角とシス体の前進接触角との差が正（>0）の場合，その液体を動かすことが可能でメチルナフタレンやオリーブオイルは動かすことができるが，負になる水やエチレングリコールは動かすことができない．これは光照射による分子の異性化により表面エネルギーを変えることで液滴の制御を実現したものである．

東山は，撥水性固体表面に電界をかけると，**図 6.19** のように水滴が伸張していく現象を報告した．水滴が電場方向に移動したりちぎれたりする現象も報告している[32,33]．また Minnema らは，**図 6.20** のように水滴が載せられた絶縁体（厚さが 200〜600 μm のポリエチレン膜）の下に形成した電極と水滴との間に 2000 V の電位をかけ，接触角が 80° から 30° まで低下することを報告した[34]．表面の濡れ性と電場が絡む現象は electrowetting と呼ばれており，これを利用したディスプレーなどのデバイスが提案されている．図 6.20 のように，厚さ d，誘電率 ε_r の絶縁体を考える液体と対極の間に V の電位をかけると，

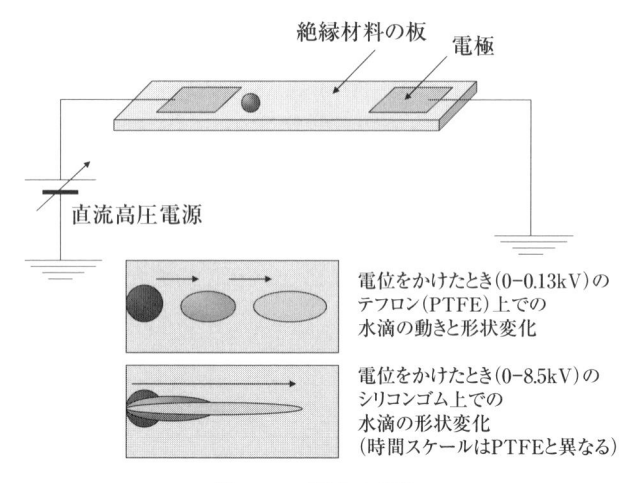

図 6.19 東山の実験.

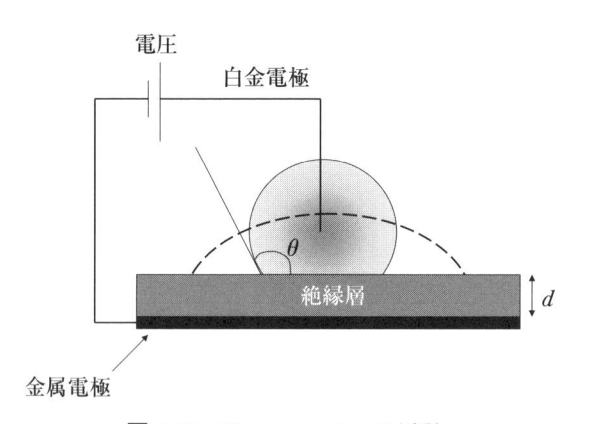

図 6.20 Electrowetting の原理.

このときの電気容量 C は以下のように書ける.

$$C = \frac{\varepsilon_0 \varepsilon_r}{d} S \tag{6.45}$$

ここで S は固-液界面の面積である．このコンデンサーが蓄えるエネルギーは $(1/2)CV^2$ で表される．この分，固-液界面の界面エネルギーは安定化すると

考える（定性的には表面に電位が与えられることで極性の分子が強く引きつけられるためと考えてもよい）．

$$\gamma_{SL}(V) = \gamma_{SL}(0) - \frac{\varepsilon_0 \varepsilon_r}{2d} V^2 \qquad (6.46)$$

この式を Young の式を用いて変形すると以下のようになる．

$$\cos\theta(V) = \cos\theta(0) + \frac{\varepsilon_0 \varepsilon_r}{2d\gamma_{LV}} V^2 \qquad (6.47)$$

これらのことは帯電現象が水滴の挙動に影響を与えることを示唆している．フッ素は帯電系列で最も負に位置しており，きわめて帯電しやすい．超撥水表面において導電性の膜を組み合わせることにより，屋外での暴露における長期耐久性が向上することが知られており[35]，これは帯電による汚れの付着を防止したためと考察されている．

ただし，液滴の表面エネルギー制御による液滴の移動は一般に移動速度が遅く，そのままの形で何らかのデバイスに適用することは困難である．超撥水のように液体と固体の相互作用が少ない場合は，液滴を外場により迅速に移動させることができる．

武田らは透明な超撥水コーティングの下面や上下面に平行な電極を形成し，水滴をコーティング上に載せた後，その電極に所定の電界をかけるとコーティング上の水滴を左右に周期的に移動させたり，空中に浮上させることができることを報告している（**図6.21**，**図6.22**）[36,37]．この現象は水滴と超撥水表面との接触に伴う電荷移動（水滴の帯電）と，外部電界による Coulomb 力によるものであると考察されている．この方法で水滴を動かすには数～数十 kV 程度の高い電圧が必要であるが，鷲津は**図6.23**のように水滴に不平等電界が効果的にかかるよう電極構造を工夫することで，200 V 以下で水滴を動かすことに成功している[38]．これらでは液滴の移動が迅速で，将来的に電界走査で曇りや水滴を除去する機能的な窓ガラスに応用できる可能性がある．

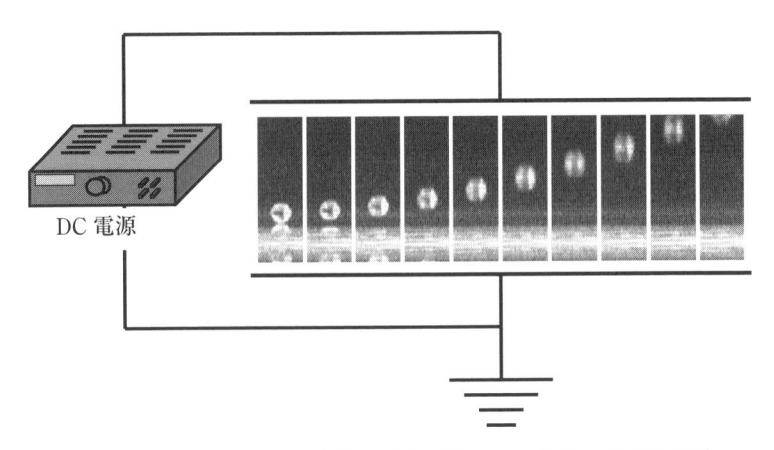

図 6.21 超撥水表面上の水滴の外部電界による浮上の連続写真[37].

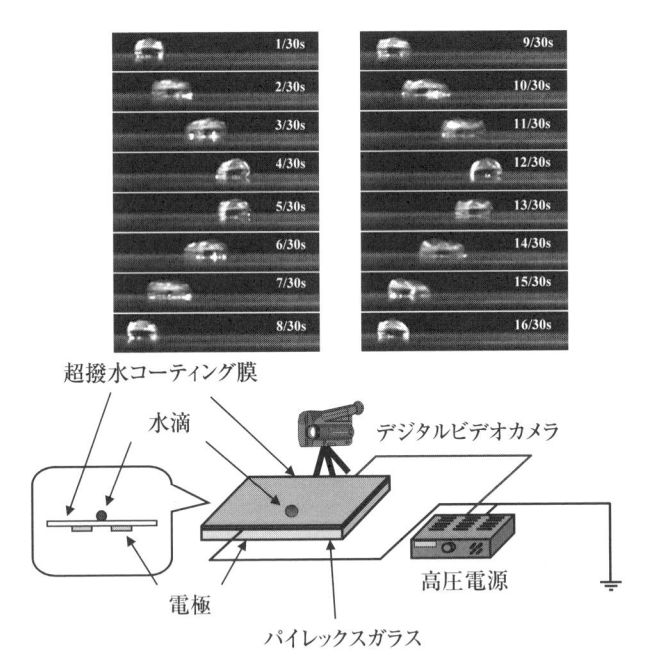

図 6.22 超撥水表面上の水滴の外部電界による左右への制御.
上は 1/30 秒ごとの液滴の連続写真.液滴が電極間を左右に制御されていることが分かる[36].

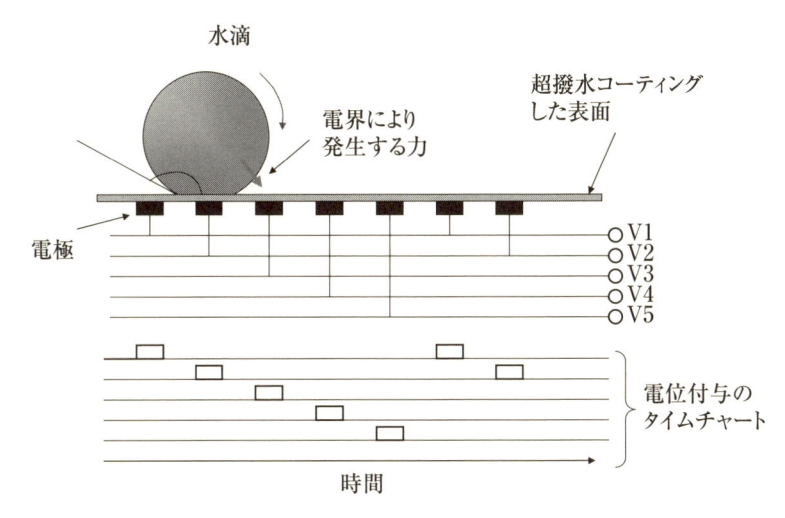

図 6.23 不平等電界を利用して超撥水表面上の水滴を動かした鷲津らのデバイス[38].

6.9 複雑な液体系の挙動

　工業的に用いられている流体は必ずしも単一のものや単なる溶液とは限らず，水と油のように異なる性質の2つの流体の混合体（牛乳，ドレッシング，マヨネーズなど）や，固体と液体の混合体（インク，塗料，磁性流体など）である場合も多い．これらの流体では表面エネルギーが流体内の成分濃度に依存するほか，レオロジー特性もズリ速度の大きさや，成分濃度の違いにより著しく変化することがあり，静的濡れ性と動的濡れ性との関係や，それらの固体表面の性質に対する依存性は未だ充分に検討されているとはいえない．しかしながら一部の流体については挙動が調べられている．

　朝倉らは，水系の磁性流体を水で様々な濃度に希釈し，撥水性固体表面（フッ素系シランをコーティングしたガラス）における静的，動的挙動を検討した[39]．水系の磁性流体はコロイドレベルの磁性粒子（彼らの系では magnetite, Fe_3O_4）の表面に界面活性剤（彼女らの系ではアルキルベンゼンスルホン酸ナトリウム（$C_{12}H_{25}(C_6H_4)SO_3Na$），LAS と略す）が2層吸着し，水中に分

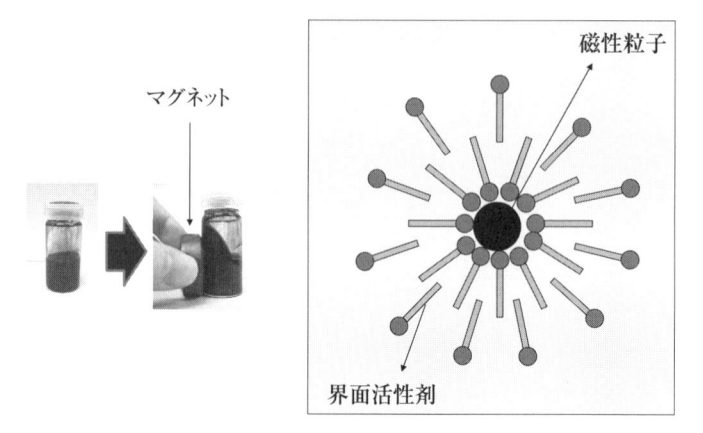

図 6.24 水系磁性流体の挙動と構造.

散した流体である（**図 6.24**）．市販の磁性流体では流体の安定性を確保する目的から，磁性粒子を2層吸着するよりもやや過剰な量の界面活性剤が含まれている．この系を水で希釈し，表面エネルギーと粘度，密度を測定した結果を**図 6.25** に示す．この図から磁性流体を希釈した際の表面エネルギーは LAS 濃度

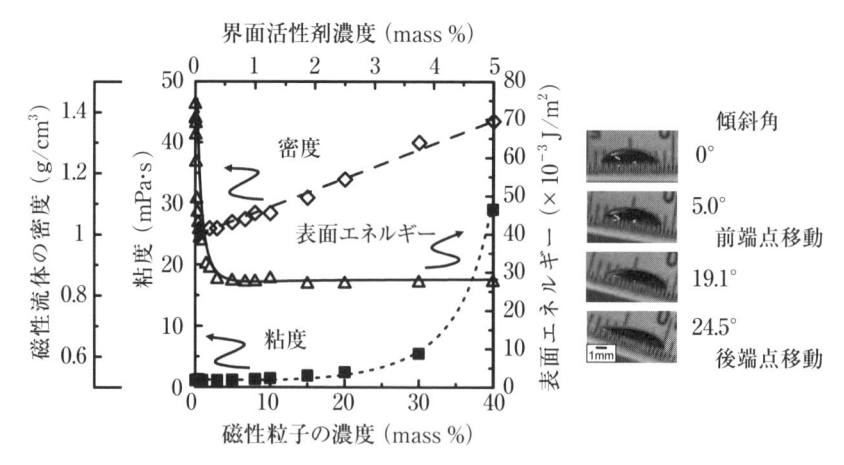

図 6.25 水系磁性流体を希釈した際の密度，粘度，表面エネルギーの変化と傾斜面での変形[39]．

で支配され，液体の粘性はマグネタイト量で支配されることが分かる．また磁性流体の傾斜面上での転落挙動は，液滴の前端点がまず伸びて液滴が大きく変形した後に，後ろ端点が外れて動き出すものであった（図 6.25）．このような大きな変形ではないものの，同様の傾向の変形は純粋な流体中でもみられる．前端点の移動は濡れ広がりに対応し，後端点の移動は濡れた液体が液滴の移動のために伸びた液が収縮していく挙動に相当する．粘性が高く表面エネルギーが低い混合流体では，濡れ広がりやすいが後端点は移動しづらく，このような挙動が顕著になる．

第6章 参考文献

(1) C. G. L. Furmidge, *J. Colloid Sci.*, **17**, 309 (1962)
(2) E. Wolfram and R. Faust；J. F. Padday Ed., "*Wetting, Spreading, and Adhesion*", Academic Press, London, Chapter 10 (1978)
(3) M. Miwa, A. Nakajima, A. Fujishima, K. Hashimoto and T. Watanabe, *Langmuir*, **16**[13], 5754 (2000)
(4) H. Murase, K. Nanishi, H. Kogure, T. Fujibayashi, K. Tamura and N. Haruta, *J. Appl. Polym. Sci.*, **54**, 2051 (1994)
(5) R. H. Dettre and R. R. Johnson, Jr., "*Adv. Chem. Ser.*, Vol.43", pp. 136 (1963)
(6) 日野幹雄, "流体力学", 朝倉書店, pp. 28-293 (2005)
(7) 岡田利弘, 粟野満, 宇野良清, 菅浩一, "物理学要論", 共立出版, pp. 90-109 (2005)
(8) P. A. Durbin, *J. Fluid Mech.*, **197**, 157 (1988)
(9) C. Huh and L. E. Scriven, *J. Colloid Inter. Sci.*, **35**, 85 (1971)
(10) D. Richard and D. Quere, *Europhys. Lett.*, **48**, 286 (1999)
(11) 村瀬平八, 学位論文 "表面エネルギーとモルフォロジー制御による不均質有機塗膜の機能化の研究", 東京大学大学院 工学研究科 (1999年7月)
(12) A. Nakajima, S. Suzuki, Y. Kameshima, N. Yoshida, T. Watanabe and K. Okada, *Chem. Lett.*, **32**, 1148 (2003)
(13) M. Sakai, J.-H. Song, N. Yoshida, S. Suzuki, Y. Kameshima and A. Nakajima, *Langmuir*, **22**, 4906 (2006)
(14) S. Suzuki, Y. Kameshima, A. Nakajima and K. Okada, *Surf. Sci.*, **557**, L163 (2004)
(15) S. Suzuki, A. Nakajima, M. Sakai, J-H. Song, N. Yoshida, Y. Kameshima and K. Okada, *Surf. Sci.*, **600**, 2214 (2006)
(16) A. Carre and M. E. R. Shanahan, *J. Adhesion*, **49**, 177 (1995)
(17) J.-H. Song, M. Sakai, N. Yoshida, S. Suzuki, Y. Kameshima and A. Nakajima, *Surf. Sci.*, **600**[13], 2711-2717 (2006)
(18) N. Yoshida, Y. Abe, H. Shigeta, A. Nakajima, H. Ohsaki, K. Hashimoto and T. Watanabe, *J. Am. Chem. Soc.*, **128**, 743 (2006)
(19) Y. Akutsu, I. Komatsu, N. Yoshida, S. Suzuki, J. Song, M. Sakai, Y. Kameshima and A. Nakajima, Proc. of the 4th International Symposium on Surface Science

and Nanotechnology, Oomiya, Japan, pp. 287 (2005)
(20) 吉田直哉, 鈴木俊介, 宋政桓, 酒井宗寿, 亀島欣一, 中島章, 日本セラミックス協会平成 2005 年年会予稿集, pp. 154 (2005)
(21) M. Sakai, A. Hashimoto, N. Yoshida, S. Suzuki, Y. Kameshima and A. Nakajima, *Rev. Sci. Instruments*, **78**, 045103 (2007).
(22) ドゥジェンヌ, ブロシャール・ビィアール, ケレ;奥村剛訳, "表面張力の物理学-しずく, あわ, みずたま, さざなみの世界-"吉岡書店, pp. 1-66, pp. 67-187 (2003)
(23) R. Hoffmann, *J. Colloid Interface Sci.*, **50**, 228 (1975)
(24) L. H. Tanner, *J. Phys. D. Appl. Phys.*, **90**, 7577 (1989)
(25) B. V. Derjaguin and S. M. Levi, "Film coating theory", The Focal Press, London (1964)
(26) 石井淑夫, 小石眞純, 角田光雄編, "ぬれ技術ハンドブック", テクノシステム, pp. 1-54 (2001)
(27) M. Chaudury and G. M. Whitesides, *Science*, **256**, 1539 (1992)
(28) J. B. Brzoska, F. Brochard and F. Rondelez, *Langmuir*, **9**, 2220 (1993)
(29) T. Sun, G. Wang, K. Feng, B. Liu, Y. Ma, L. Jiang and D. Zhu, *Angew. Chem. Int. Ed.*, **43**, 357 (2004)
(30) 市村國宏, 機能材料, **24**, 55 (2004)
(31) K. Ichimura, S-K. Oh and M. Nakagawa, *Science*, **288**, 1624 (2000)
(32) Y. Higashiyama, S. Yanase and T. Sugimoto, Conf. Rec. IAS 1998 Annu. Meet., IEEE Industry Application Society, IEEE, Vol. 3, p. 1808 (1998)
(33) Y. Higashiyama, S. Yanase and T. Sugimoto, Conf. Rec. IAS 1999 Annu. Meet., IEEE Industry Application Society, IEEE, Vol. 3, p. 1825 (1999)
(34) L. Minnema, H. A. Barneveld and P. D. Rinkel, *IEEE Trans. Electron. Insul.*, EI-15 (6), 461 (1980)
(35) M. Sasaki, N. Kieda, K. Katayama, K. Takeda and A. Nakajima, *J. Mater. Sci.*, **39**, 3717-3722 (2004)
(36) K. Takeda, A. Nakajima, Y. Murata, K. Hashimoto and T. Watanabe, *Jpn. J. Appl. Phys.*, **41**, 287 (2002)
(37) K. Takeda, A. Nakajima, K. Hashimoto and T. Watanabe, *Surf. Sci.*, **519**, 589 (2002)
(38) M. Washizu, *IEEE Trans. Ind. Appl. Soc.*, **4**, 732 (1998)

(39) H. Asakura, A. Nakajima, M. Sakai, S. Suzuki, Y. Kameshima and K. Okada, *Appl. Surf. Sci.*, **253**, 3098-3102 (2007)

7
接着と潤滑

　濡れが関与する技術分野の1つとして接着と潤滑がある．本章では固体表面の濡れの視点から接着と潤滑の中で重要な事項を概観する．

7.1 接　　着
7.1.1 接着の重要性と接着力[1,2]

　固体と液体との界面の形成は濡れであるが，固体-気体界面が消失した固体と固体との界面の形成は接着という．実際には固体と固体を直接付けても通常接着することはなく，接着は固体-固体界面にある強度の結合を形成する操作である．接着は接着剤を用いて行うのが一般的で，それらにはハンダのような金属，セメントやガラスのような無機物，ポリマーや樹脂などの有機物など様々なものがあるが，工業上，接着剤として最も重要なのは有機系の接着剤である．

　有機系接着剤を用いた接着技術は，近年の高分子技術の発展により従来の溶接やねじによる接合に代わり，産業上の重要性を大きく増している．強度が高く，一般に使用量が少ないためコストアップ要因になりにくく，さらに使用にあたって特殊な技術を必要としないことなどが背景になり，強度の向上とともに部材の軽量化，薄肉化が求められる移動機械分野や電気電子分野において，多くの部材や部品が接着により製造されている．

　産業上接着剤の最も大きな消費先は木材加工であるが，金属やセラミックス，プラスチックやエラストマーの接合にも今日多量の接着剤が用いられている．また近年，硬化速度の向上や溶剤系から水系への転換，リサイクル技術の開発などの効率化や環境対策も進められている．唯一の欠点は耐熱性である

が，200℃以上の温度でも使用可能な接着剤が開発されている．

接着において重要なことは，
・接着されるものは何か？
・接着するものは何か？
・どのような環境でどのように使うか？
・どのような範囲で接着するか？

といった点である．それにより単なる界面接着力だけでなく，弾性率や熱膨張係数などの特性が総合的な接着の性能に影響する．

接着剤で接着したものが破壊する際，1) 接着剤層内で破壊する場合，2) 被接着物内で破壊する場合，3) 接着剤と被接着物の界面で破壊する場合の3つの場合があり，それぞれ凝集破壊，基材凝集破壊，接着破壊と呼ばれる．前者2つは材料そのものの強度として取り扱うことが可能であるが，接着剤と被接着物の界面で破壊する接着破壊が起こる場合は，界面の強度の評価が必要となる（**図7.1**）．

接着剤と被接着物との界面に作用している力については，長年，様々な考えが提案されてきた．100年以上前から言われていたものは機械的結合説で，接着剤が被接着物の凹部に入って固化し，界面が結合するという，いわゆるアンカー効果である．表面粗化を行うことで被接着物の接着強度が大きく増加する

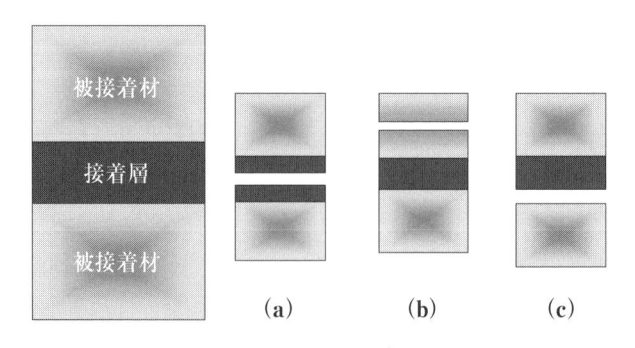

図7.1 破壊の場所による分類[1]．
(a)凝集破壊，(b)基材凝集破壊，(c)接着破壊．

ことは，多くの読者が経験していることであろう．その後，分子と分子の引き合う力が接着において最も支配的であるとする分子間力説が現れた．これ以外に，接合界面で電気二重層（図 2.11 参照）が形成されていることが影響するとする静電気説，界面で物質の拡散が起こっているとする拡散説などが出されている．これらは，分極率の高い材料同士や物質拡散が可能な程度の温度などの諸条件が伴う場合には考えられるが，すべての物質系に対して統一的に接着現象を記述できるのは，これらのうちで分子間力説のみである．したがって界面での接着力は，（分子間力）＋（それ以外の場合により作用する力），と考えることができる．

接着剤は接着段階では液体であり，これが固化して固体となる．したがって液体段階の濡れが接着の第一歩であり，これについては 3.3 節に記述したように，Dupre の式で記述される付着仕事 W_A の大小でみることができる．すなわち

$$W_A = \gamma_{SV} + \gamma_{LV} - \gamma_{SL} = \gamma_{LV}(1 + \cos\theta) \tag{7.1}$$

であり，液体状態の接着剤の表面エネルギーと，固体との接触角で決まる．界面の剝離に必要な力を f とし，界面に垂直な方向を x とすれば，

$$W_A = \int_0^\infty f dx \tag{7.2}$$

と書くことができる．同一物質を切断する場合，

$$W_A = \gamma_{AV} + \gamma_{AV} - \gamma_{AA} \approx 2\gamma_{AV} \tag{7.3}$$

となる（$\gamma_{AV} \gg \gamma_{AA}$ と仮定した）．表面力の作用範囲を 1 nm とし，その間の平均的な力を $\langle f \rangle$ とすると，$\gamma = 30 \times 10^{-3}$ (N/m) 程度のパラフィンの場合，$\langle f \rangle = 60 \times 10^{-3}$ (N/m)/1 nm $= 600$ kg/cm^2 にもなる．完全に理想的な接着が実現すればパラフィンのような van der Waals 力のみの物質間でも相当な接着強度が得られることになる．

接着力は一義的には界面における結合エネルギーの大きさに依存し，双方の原子間距離が 0.1～0.2 nm の範囲では強い 1 次結合（イオン結合，共有結合，金属結合）が形成され，0.3～0.5 nm で van der Waals 力による弱い 2 次結合が形成される．有機系の接着剤を使用する場合は 2 次結合が主体であり，3 つ

の分子間力相互作用(双極子間相互作用,双極子-誘起双極子間相互作用,誘起双極子間相互作用,詳細は3.4節参照)が関与する.これら3つの作用の総和である凝集力(cohesion force)は一般に極性の置換基を持つものほど大きい.また水素結合が形成されると凝集力が増大する.ただし接着剤分子間に水素結合が形成されると接着剤自体の凝集力が向上するため接着力自体は低下する.ポリエチレンのような活性反応基がない樹脂では金属などの無機表面に対する作用は分散力のみであるが,ポリビニルアルコール($(CH_2C(OH)H)_n$)やポリ塩化ビニル($(CH_2CHCl)_n$),ポリエチレンテレフタレート(PET,$(OCH_2CH_2OCOC_6H_4CO)_n$)などでは,双極子間相互作用や化学結合も関与する.接着剤中にイソシアネート基($-N=C=O$)やエポキシ基[*1]などを含むものでは,被接着物の水酸基やアミド基と反応して1次結合や水素結合を形成するため接着強度が高くなる.

　被接着物表面の凹凸は,接着剤により完全に濡れていることが良好な接着性能を得る上で必要な条件であり,濡れない場合は空孔が残留し,これが欠陥となって応力集中[*2]が起こり破壊につながる(**図7.2**).

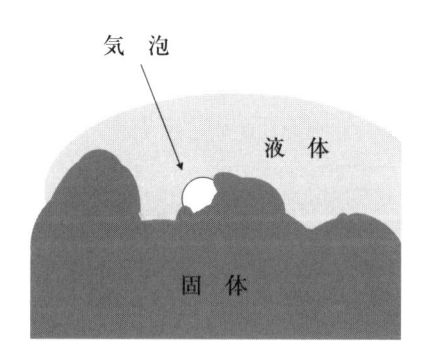

図7.2　不充分な濡れによる残留気泡.

[*1] $-CH-CH_2$
　　　　$\diagdown\diagup$
　　　　　O

[*2] 固体に外力を加えたとき,固体中の不規則な形状,例えばワレや空洞,析出物の端部などには一様部分に比べてきわめて大きい応力が生じる.

7.1 接 着

濡れ性のよい（接触角が小さい）表面は必然的に接着強度が高く，濡れ性が悪い表面では接着強度が低くなる．相互溶解性があるもの同士ではさらに接着強度が高い．しかしながら，実際の接着強度はこのような界面の相互作用エネルギーによる接着仕事によって一義的に説明できるものではない．

接着の強度は温度と速度依存性の要素が入ってくる．接着剤は多くの場合ポリマーや樹脂系の物質であり，これらの物質の力学的挙動は一般に粘弾性を示す．すなわち液体の性質である粘性とバネの性質である弾性とを併せ持つ（**図7.3**）．このため温度と時間スケール，つまり変形を起こす速度によりその強度が変化する．したがって接着強度はその評価方法や評価項目（例えば引っ張りやせん断接着強度と剝離強度では値が大きく異なる），あるいは被接着物の弾性係数や接着剤自体のガラス転移温度[*3]などに依存することになる．

Andrewsらは各種の共重合体について分子間力から得られる界面との相互作用と，実際の破壊に必要なエネルギーの比較を行い，興味深い結果を得てい

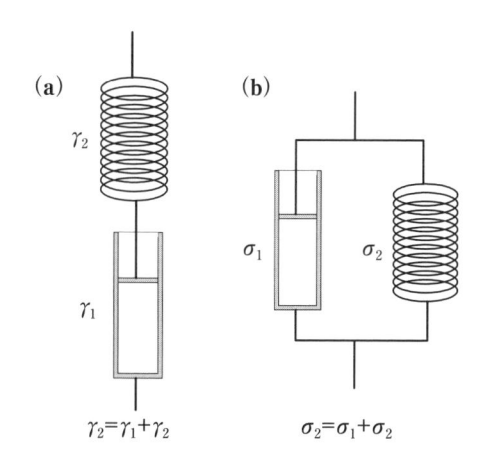

図7.3 粘弾性物質の力学モデル．
(a)マックスウェル型，(b)フォークト型．
(a)は主に液体の，(b)は固体の力学的挙動を示す．

[*3] 5章脚注[*2]参照．

表 7.1 Andrews らによる剥離エネルギーと界面での相互作用エネルギー[1,3].

被接着剤	$W_r \times 10^{-3}$ (J/m^2)	$W_c \times 10^{-3}$ (J/m^2)	$W_a \times 10^{-3}$ (J/m^2)
フッ素エチレン-プロピレン重合体（EFPA）	2.0×10^3	21.9	48.4
ポリクロロトリフルオロエチレン	6.8×10^3	74.9	62.5
ナイロン 11	6.5×10^3	70.8	71.4
PET	7.2×10^3	79.4	72.3
プラズマ処理 EFPA	6.3×10^3	68.5	56.8
エッチング EFPA(10 秒)	7.8×10^4	851	68
エッチング EFPA(20 秒)	1.1×10^5	1170	70.2
エッチング EFPA(60 秒)	1.2×10^5	1290	69.8
エッチング EFPA(90 秒)	1.5×10^5	1620	71.1
エッチング EFPA(120 秒)	1.6×10^5	1780	71.1
エッチング EFPA(500 秒)	2.2×10^5	2420	72.2

る（表 7.1）[3]．彼らは，1) 剥離試験により得られた実際の破壊エネルギー W_r と，2) 1)の結果から計算により得られた，粘弾性効果がゼロであると仮定した場合の破壊エネルギー W_c を，3) Fowkes の式（(3.36)式，高分子固体の表面自由エネルギーの絶対値は本章参考文献(1)の p.5 参照）から計算した界面での接着仕事の値 W_a と比較した．その結果，平滑な表面では W_c と W_a はほぼ等しく，表面のエッチング処理により W_c は W_a の 15～30 倍になる．これは粗さの導入に加え，エッチングにより表面に極性基が導入されたため界面での分子間結合力が高まったためである．そしてエッチングの有無にかかわらず，W_r と W_c では W_r が W_c のほぼ 100 倍になった．このことは界面の結合力が何であるにせよ，それを剥離するのに要するエネルギーは圧倒的に粘弾性変形によるエネルギーであることを示している．しかしながらこのことは界面の結合力を軽視してよいというものではない．多くの物質で W_r が W_c のほぼ 100 倍であっても W_c が高いものほど W_r が高く，このことは界面の結合力の設計は高い接着力を得る上できわめて重要であることを示している．

7.1.2 接着操作[1]

接着の手順は，表面の調整，接着剤塗布，硬化もしくは固化である．表面の調整には3つの目的があり，それらは，1) 弱い境界面の除去，2) 適切な表面形態の付与，3) 接着剤と被接着物との親和性の改善，である．接着の際に弱い境界層となる可能性があるのは，金属の場合は表面の防錆油，表面酸化物層や水酸化物層，その他の吸着物，表面の加工による変質層などが考えられる．半導体産業ではシリコン上に各種のアセンブリを行う際に，表面の自然酸化物層をエッチングなどで取り除く処理を行うことが一般的に行われている．またプラスチック系の基材では，表面に残存する離型材，表面にブリードアウト（しみ出し）してくる可塑剤類，紫外線などによる表面劣化層などが弱い境界面になりうる．これらの弱い表面境界層になりうるものは，清拭，エッチング，機械研磨処理，ブラスト処理などにより取り除く．適切な表面形態の付与については，粗さを導入することによる濡れ性の改善（4.3節 Wenzel モードの説明参照），接着面積の上昇によるアンカー効果の導入が主な目的であり，研磨，ブラスト，エッチングなどの処理が行われる．ただしこの場合，大幅な粗さの導入は透明性の喪失（透明基材の場合）や基材強度の低下（セラミックスのような脆性材料の場合），空気の噛み込みによる意匠性悪化などの弊害を生じることがある．接着剤と被接着物との親和性の改善の代表例はプライマー処理である．これは特性が大きく異なるものに対して接着剤との親和性を確保するためにいわば特性の中間層を作製するもので，用途面から基材と接着剤の種類に選択の幅が少ない際によく用いられる．

接着剤の塗布はハケ，ローラー，スプレーなどを用いた手作業や，各種のコーターを用いた機械作業により行われるが，被接着物の大きさと形状により適宜選択される．接着剤の厚みについては接着部分にかかる荷重の種類と応力の分布により異なるため一般原則は存在しない．ただせん断接着強度は接着剤層が薄い方が強く，剥離強度は厚い方が強い傾向がある．

硬化・固化については，溶剤や分散材の揮発，酸化還元反応（反応性アクリルなど），空気中の水分（シアノアクリレートなど），紫外線照射（UV 硬化樹

脂),冷却(ホットメルト接着剤),加熱(熱硬化性接着剤)などにより重合や付加反応が進行して起こる.またウレタン系接着剤のように常温で付加反応が進行していく場合もある.実用例は少ないが,電子線照射により硬化する樹脂も存在する.

接着のための各種表面処理の実際については多岐に渡り様々な技術が開発されており,また近年接着剤も多くの種類が開発されている[4].

7.1.3 指紋付着防止技術

物質が付着しにくい固体表面とはどのようなものであろうか? 付着力を下げるには,付着物質が決まっている場合,その接触角を上げればよい(固体と液体の親和性が高いとよく濡れるので接触角は下がる.付着しにくくする場合はこの逆をやればよい).このことは,先の付着仕事の式(7.1)から理解できよう.接触角を上げるには固体の表面エネルギーを下げることが必要だが,超撥水のような表面粗さを付与してしまうと,物理的な噛み込みを可能にするサイトとなる表面の凹凸を導入することになるため望ましくない.すなわち,物質の付着を抑えるには表面がなるべく平滑で表面エネルギーが低いことが理想である.今日知られている最も表面エネルギー($<10\times10^{-3}(J/m^2)$)の小さい物質はCF_3を並べた表面である.すなわちフッ素の平滑コーティングを行うと,物質の付着力がきわめて小さく,シールが張れないコーティングや落書きができないコーティング,壁紙などが実現できる.これらはすでに一部で実用化されている.

一方,指紋の付着はどうであろうか? 指紋の付着防止は,パソコンやテレビの画面,ビデオや携帯電話の画面,腕時計,眼鏡,ショーウインドー,サングラス,ゴーグルなど様々な分野で高いニーズがある.指紋は微量の無機成分を含む油で,単純なフッ素の平滑コーティングでは実はかえって白っぽく目立ちやすい.これは表面エネルギーが低すぎるため油分が小さい油滴となり,これが光を散乱するためである.実用化されている指紋防止コーティングは多くの場合,表面エネルギーを$20\sim30\times10^{-3}(J/m^2)$程度まで上げ,油の接触角を下げることで濡れ広がらせて指紋を見えにくくしている.また近年フッ素分子

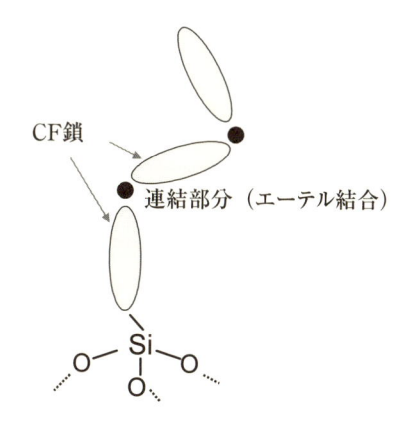

図 7.4 剛直性を緩和したフッ素系シランの分子構造.

の分子構造を設計して剛直な分子の途中に柔軟な結合を入れることにより分子自体の剛直性を緩和し，油のふき取りをきわめて容易にしたコーティングもある（図 7.4）．

7.2 潤　　滑

　摩擦に関する現象を物理的，化学的に研究する学問のことをトライボロジーという．トライボロジーは厳密には"相対運動している互いに作用しあう表面およびこれに関連する実際の諸問題の科学と技術"と定義される．我々は日常生活で摩擦をほとんど意識することがないが，摩擦がなければ，歩く，走る，持つ，投げる，書く，切る，回す，ねじる，演奏する，といったあらゆる動作ができなくなる．各種技術の匠は実際には摩擦の匠であることが多い．トライボロジーには摩擦力学や流体潤滑など様々な分野が含まれるが，本書では固体表面とその濡れに着目して，ミクロトライボロジーの視点から潤滑とその材料，技術について概観する．

7.2.1 摩擦と固体表面[5,6]

摩擦に関しては"アモントン（Amonton）の法則"という重要な法則がある．これは「最大静止摩擦力は垂直加重に比例し，接触する面積には無関係である」というものである．ここでいう"接触する面積"とは"見かけの接触面積"という意味で，粗さをもった表面では固体間は実際には局部的にしか接触しておらずその先端では塑性変形してなじんでいることが多い．Amontonの法則は剛体の摩擦に対して得られているものであり，ゲルや流体の転落に関しては通常，そのまま成立はしない．

酸化物や汚れのない金属を超高真空中で合わせると接合してしまう．くっついた界面をすべらせようとしても容易にすべらない．しかし空気中で金属を合わせても接合することはない．これは金属表面に自然酸化膜ができており，酸化膜（多くの物はイオン結合が主体）同士は金属同士のような強固な結合を生じないためである．空気中でも非常に大きな荷重をかけて金属同士をすり合わせると大きな摩擦力になる場合がある．これは表面に存在する自然酸化膜が破れて下地の活性な金属同士が結合するためで，この現象を焼付きという．

一方，テフロンの名前で知られるPTFEは炭素とフッ素だけからなる有機高分子で，フッ素と炭素の結合が極端に低い分極率であるため，van der Waals相互作用が大変小さい．このため静止摩擦係数，動摩擦係数が非常に小さく，固体潤滑材として使われている．液体が使えない超高真空や宇宙空間，あるいはメンテナンスが困難な箇所の部材へ適用されている．PTFEに限らず，プラスチックは金属に比べて全体的に表面エネルギーが低いため，接着しにくい．

摩擦とは接触した2つの固体の界面を平行にずらした際に生じる抵抗である．金属では，界面のせん断強度はプラスチックに比べて勝るものの，物質自体の弾性率がはるかに高いため実接触面積は大きくならない．一方，プラスチックは界面のせん断強度では金属に劣るものの，軟らかいので実接触面積は大きくなる．最大静止摩擦力とは実効的なせん断強度と実接触面積の積で表されるので，金属とプラスチックでは摩擦係数に大きな違いが生まれない．

摩擦係数とは物質固有のものではなく,表面状態や温度,湿度により変化する.平坦な表面と曲率を持った表面とでは蒸気圧に差 ΔP が生じる.その際の化学ポテンシャルは,以下のように記述できる.

$$W = \Delta P \Omega = \Delta G = RT \ln\left(\frac{P}{P_0}\right) \tag{7.4}$$

ここで,Ω は分子体積,P_0 は平坦な表面での蒸気圧,P は半径 r の面での蒸気圧である.ΔP が小さい場合,$\ln(P/P_0) = \ln\{(\Delta P + P_0)/P_0\} \sim \Delta P/P_0$ であり,P は(3.52)式から $2\gamma/r$ で与えられるから

$$\Delta P \Omega = \frac{2\gamma\Omega}{r} = RT \ln(\frac{P}{P_0}) \cong RT \frac{\Delta P}{P_0},$$

$$\therefore \frac{\Delta P}{P_0} = \frac{2\gamma\Omega}{rRT} \tag{7.5}$$

これは Kelvin の式と呼ばれている.したがって表面に凹凸がある場合,r が小さい(曲率が大きい)場合,凹んだところ($r<0$)に凝結しやすい.表面に細かい凹凸がある場合,局部的に水分などが凝結している(**図7.5**).すなわち粗さのある物質の接触面近傍でも水の凝縮が起こりやすいと考えられる.このことは湿度が高い場合に,空気中の表面は粗さの谷に水分が凝縮するため測定結果に影響が出ることになる.

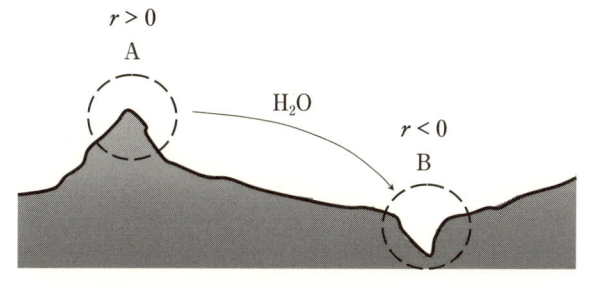

図 7.5 表面の曲率の違いによる安定性の違い[5].
A と B とでは曲率の符号が異なり,B では水分などが凝結しやすい.

7.2.2 潤滑の分類と境界潤滑[5]

　潤滑（lubrication）とは荷重を支える2面間の摩擦抵抗や表面での磨耗，焼付きなどを潤滑剤を用いて軽減，もしくは防止する技術である．一般には相対する2面をせん断強度の小さい物質（潤滑剤）で隔離することにより達成される．

　Stribeckは摩擦係数μと潤滑油の粘度η，潤滑面に垂直方向の荷重F，速度Vの関係を検討し，μと$\eta \times V/F$との関係から図7.6に示すように，境界潤滑（boundary lubrication），混合潤滑（mixed lubrication），弾性流体潤滑（elastohydrodynamic lubrication），流体潤滑（hydrodynamic lubrication）の4つの領域を区別している．これらは主に油膜の厚さhと，相対する2つの表面の複合表面粗さの大きさ（$\sigma = \sqrt{\sigma_1^2 + \sigma_2^2}$，$\sigma_1$，$\sigma_2$は相対する固体の表面粗さ）の相対関係で決まる．$h \ll \sigma$で油膜の厚さがきわめて薄い境界潤滑では，摩擦面は固体の微小突起部で互いに接触しており，潤滑作用は摩擦面間の接触の相互作用や摩擦面と潤滑成分（潤滑油＋添加剤）との相互作用（吸着や化学反応など）により支配される．各所で固体間接触が起きており，摩擦や磨耗が大きい．混合潤滑は境界潤滑から弾性流体潤滑に向かう途中過程であり，両者の混在する潤滑過程である．弾性流体潤滑はhとσがほぼ等しく，流体の粘

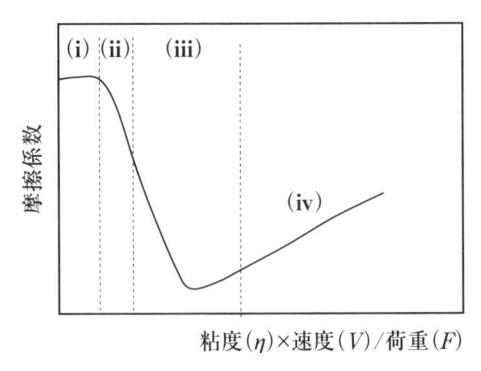

図7.6 潤滑の分類[5]．
(i)境界潤滑，(ii)混合潤滑，(iii)弾性流体潤滑，(iv)流体潤滑．

性,粘度の圧力依存性,固体表面の弾性率などが関与している.$h \gg \sigma$ である流体潤滑では,固体は流体により完全に分離されており,流体の内部摩擦によりトライボロジー性能が左右される.潤滑剤利用の観点からは境界潤滑領域の特性を理解することが重要である.

境界潤滑では荷重を支えているのは見かけの接触面積ではなく,実接触面積である.図7.7 にその模式図を示す.摩擦力 F' は油膜のせん断だけでなく固体間接触部のせん断にも費やされる.荷重負担面積を A,固体間接触の起こっている割合を α,固体間接触部分のせん断強度を S_m,油膜のせん断強度を S_l とすると,

$$F' = A\{\alpha S_m + (1-\alpha) S_l\} \tag{7.6}$$

で表記される.一般に $S_l \ll S_m$ であるから,境界潤滑では α をいかに小さくするかが実用上の重要なポイントとなる.したがって潤滑剤が固体表面に対して強い吸着性や反応性を持つことは有効である.

境界潤滑で生じる磨耗には,凝着磨耗,ざらつき磨耗,疲労磨耗,化学磨耗の4つの磨耗が考えられている.凝着磨耗は摩擦面の接触した突起部分が摩擦運動でせん断されることに起因して起こり,潤滑剤がない場合の支配的磨耗である.ざらつき磨耗は油中の硬い磨耗粒子や一方の硬い面で切削効果により生

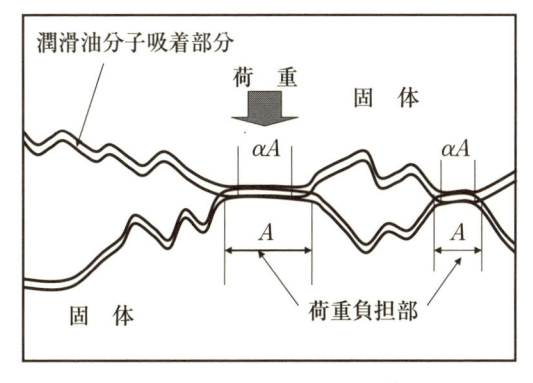

図 7.7 境界潤滑の模式図[5].

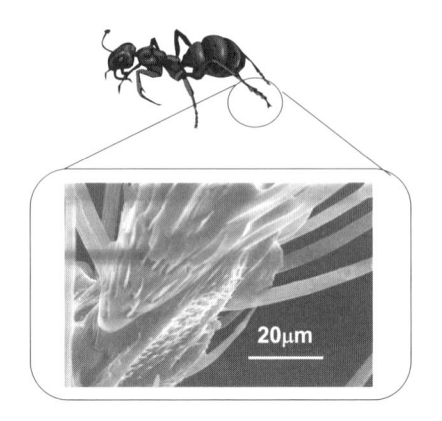

図7.8 アリの足の微構造.

じる磨耗である．疲労磨耗は繰り返し応力で表面疲労により起こる磨耗であり，化学磨耗は摩擦面と潤滑剤分子との化学反応が支配的になって起こる磨耗である．これらの磨耗は同時並行的に起こり，せん断速度，荷重，磨耗面の材質と粗さ，潤滑剤の分子構造，雰囲気，発生した熱などが複雑に影響しあう．また雰囲気の水分や酸素が影響する場合もある．

図7.8にアリの足のSEM写真を示す．アリは垂直な壁でも登っていくが，その足はナノからミクロの突起で覆われている．アリはこのような足の突起の先端を壁の凹みや塗膜に埋め込み，表面との少ない接触面積に圧力を集中させることで壁を登ることができるのである．

7.2.3　潤滑膜の形成と潤滑作用[5,6]

潤滑作用は潤滑油の粘性など潤滑油自身によるものと，添加剤と摩擦面との相互作用（吸着，反応など）によるものがある．粘性油膜は自身の粘性により耐荷重能[*4]を示し，弾性流体潤滑や流体潤滑において重要である．粘性油膜

[*4] 固体同士が接触するような摩擦係数の大きな潤滑における磨耗や表面損傷を低減する能力.

の潤滑特性は分子の構造，粘度の温度・圧力特性に左右される．極性基をもつ潤滑油分子や添加剤は摩擦面に物理吸着ないしは化学吸着して潤滑膜を形成する．物理吸着は固体表面でのvan der Waals力による吸着であり，2章で述べたように吸着熱はたかだか10 kcal/mol程度である．一方，化学吸着は吸着熱が10～150 kcal/molと高く，潤滑剤物質と相手物質との間に選択性がある．物理吸着を化学吸着に移行させるには分子を強制的に固体表面に近づけて活性化エネルギーの壁を越え，化学結合させることが必要である．この操作は摩擦による熱や圧力により可能になることがあり，このように摩擦作用で化学反応が促進される現象をトライボ化学反応と呼ぶ．

一般に潤滑油には様々な機能が求められるため，単独物質で使用されることは少なく，添加剤を加えて機能向上を図っている．潤滑油添加剤には界面化学作用によるものと潤滑油の基材油に作用するものがある．前者に属するものには耐荷重添加剤，錆止め剤，金属表面負活性剤などがあり，後者には酸化防止剤，粘度調整剤などがある．これら添加剤のほとんどは有機極性化合物，高分子物質，硫黄，リン，ハロゲンなどの活性要素を含む化合物である．

潤滑油の基油は一般に原油から製造されるミネラルオイルでイソパラフィンや単環ナフテン[*5]など飽和炭化水素で構成されている．これには極性を示す官能基や，二重結合，ベンゼン環といった電子密度の高い部位も存在しないため，無極性である．無極性化合物は固体表面に対して原則として化学吸着しない．

摩擦する表面と界面化学作用をする添加剤は，極性化合物が用いられる．この極性化合物が固体表面に化学吸着し，表面を保護する．この膜を境界潤滑膜と呼ぶ．強固な境界潤滑膜は固体同士の直接接触を避け，固体間磨耗を低減す

[*5]　イソパラフィン　　ナフテン

R_1, R_2はアルキル：C_nH_{2n+1}で表される炭化水素

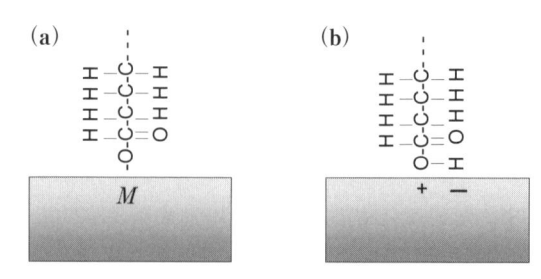

図 7.9 脂肪酸の金属表面に対する吸着モデル[5]．
(a)化学吸着，(b)物理吸着．

る機能を発揮する．そのためには極性基が固体と強固に結合し，ある程度の厚みを持つことが求められる．

耐荷重添加剤は摩擦面への吸着や化学反応によって潤滑油に耐荷重性を持たせるもので，摩擦面に吸着や化学反応を通じて潤滑膜や保護膜を形成して磨耗を防止する．荷重の大きさや温度条件により様々な物質が選ばれる．低温低荷重の場合は，分子中に長い炭化水素鎖と末端に強い極性基を持つ界面活性剤が多く用いられる．例えばステアリン酸（$CH_3(CH_2)_{16}COOH$）は極性のあるカルボキシル基と炭化水素鎖からなり，金属表面に対して優れた境界潤滑膜を形成する（**図 7.9**）．吸着の強さは吸着熱で評価比較できる．吸着熱が高いほど吸着は強く，固体の磨耗が低減される．ステアリン酸のようなアルキル基とカルボキシル基からなる化合物は脂肪酸と呼ばれ，この物質群は炭素数が大きくなるほど撥水性能が向上し，ある値を超えると一定になる．これは個々のアルキル間に凝集力が働くためで，吸着膜の油膜強度の向上に寄与している．鎖長が短いと分子が完全には配向できない．この場合，境界潤滑膜としての強度も弱く，摩擦係数も高くなる（**図 7.10**）．高温高荷重では脱離が起こり，潤滑能力が低下する．脂肪族系の潤滑特性はこれらと化学反応しやすい Cu，Zn，Cd などの金属は潤滑されやすく，ガラスなどは反応性が低いため潤滑されにくい．またステアリン酸の代わりに分鎖構造を持つイソステアリン酸を用いると，直鎖間の凝集力が減少し，立体障害に伴う吸着量の減少も起こるため潤滑能が大幅に低くなる．なお，界面活性剤の吸着は金属表面においてその表面エ

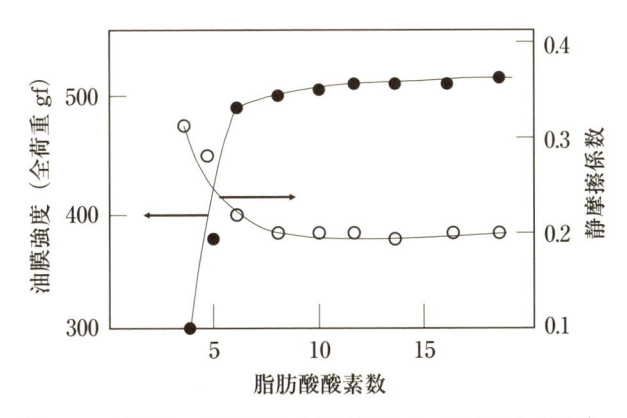

図 7.10 脂肪酸の静摩擦強度と油膜強度の炭素数依存性[5].

ネルギーを低下させ，金属の機械強度が減少するために変形が促進されることがある．この現象は発見者の名前からレビンダー（Rehbinder）効果と呼ばれている．この効果は物質の粉砕における助剤の設計にしばしば利用される．脂肪族以外にもパーフルオロカルボン酸（n-$C_nF_{2n+1}COOH$）などのフッ素系化合物や，エチルピリジン（$C_2H_5C_5H_4N$）などのピリジン系化合物なども用いられる．

摩擦が激しい高温，高荷重の条件下では，硫黄やリンの化合物（R-S-S-Rなど．Rはアルキルでブチルやフェニルが多い）を添加する．これは激しい磨耗により表面の酸化膜が剥ぎ取られた場合，活性の高い金属表面が顔を出し，突発的な焼付きが起こって摩擦係数を悪くなるのを防ぐためであり，S-S結合の切れやすさが実用上重要なポイントになる．ただし無機反応皮膜は化学反応の進行とともに膜の厚さが増加する．反応が必要以上に進むと皮膜が強度を失い損傷する．これらの添加剤と上述のステアリン酸のような低温低荷重用の添加剤を組み合わせることで，広範囲の温度条件で潤滑性能が発揮される．

基油に対する添加剤としてはポリアルキレングリコール類（$C_nH_{2n}(OH)_2$）やセルロース誘導体（$(C_6H_{10}O_5)_n$の誘導体）のような粘度向上剤，アミン（RNH_2）などの酸化防止剤などがある．

一般に，潤滑油の粘度の温度依存性は以下の式に従う．

$$\log\log\left(\frac{\eta}{\rho}+0.7\right)=A+B\,\log T \tag{7.7}$$

この式は WALTHER-ASTM 式と呼ばれ，η，ρ はそれぞれ潤滑油の粘度と密度である．(η/ρ) は動粘度であり，(7.7)式は cSt（センチストークス）の値を入れるが，SI 系では $1\,\text{cSt}=10^{-6}(\text{m}^2/\text{s})$ のディメンションを持つ．ミネラルオイルは大気圧下では水のようなさらさらした流体でも高圧下では粘性を増す．圧力 p と粘性との関係は以下の式に従う．ただし α は正の定数である．

$$\eta_\text{p}=\eta_0\exp(\alpha p) \tag{7.8}$$

潤滑油は炭化水素であるから酸化すると様々な生成物ができる．具体的には酸，アルコール，カルボニル化合物およびその縮合体でスラッジなどの生成や粘度増加を引き起こす．酸化のしやすさは成分にも依存し，電子の偏在している成分（芳香族，不飽和部，酸素，硫黄，窒素など）を多く含むと酸化しやすい．また熱，光，金属などが触媒的に作用する．

7.2.4　固体潤滑物質

　二硫化モリブデン，グラファイト，PTFE などは固体で潤滑性を示す．これらはいずれも層状の化合物であり，層間は弱い van der Waals 力により結合している．これらはせん断により内部すべりを起こしやすい．これらの固体潤滑剤が摩擦面に存在すると層間ですべりを生じ，低摩擦となる．メンテナンスが困難な部位や，高温高真空などの空間での潤滑が求められる場合に使用され

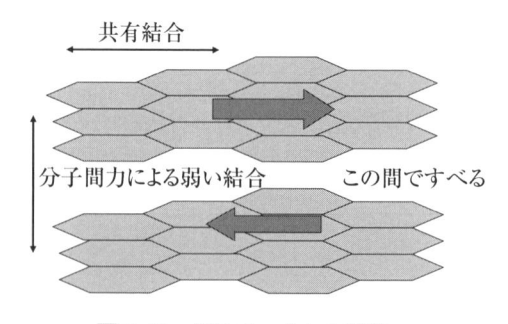

図 **7.11**　グラファイトの構造．

る（**図 7.11**）．

　低摩擦係数は特にマイクロマシンなど小さい動力で駆動する機械部品に広く求められている．動摩擦係数が極端に低い，摩擦係数がほぼゼロの「超潤滑」と呼ばれる状態は，フラーレンをグラファイト層で挟み込んだ構造系において得られている[7]．

第7章 参考文献

（1） 日本接着学会編，"初心者のための接着技術読本"，日刊工業新聞社，pp. 1-30（2004）
（2） 渡辺信淳，渡辺昌，玉井康勝，"表面および界面"，共立出版，pp. 72-81，pp. 133-144（1988）
（3） E. H. Andrews and A. J. Kinloch, *Proc. Roy. Soc.*, **A332**, 38（1973）
（4） 鈴木靖昭；日本接着学会編，"接着ハンドブック"，日刊工業新聞社（1996）
（5） 目黒謙二郎監修，"コロイド化学の進歩と実際"，日光ケミカルズ，pp. 283-342，pp. 343-479（1987）
（6） 加藤孝久，益子正文，"トライボロジーの基礎"，培風館，pp. 81-178（2004）
（7） 三浦浩治，佐々木成朗，'ナノスケールの超潤滑'，精密工学会誌，**71**，1084（2005）

8

着落雪と氷結

8.1 着落雪
8.1.1 雪の性質

　北陸，東北地方，北海道などでは冬場に雪が多く，豪雪による災害や交通機関への影響が毎年のように発生する．日本国内のみならず，世界中の降雪地域での着雪防止は，冬場の安全で快適な生活環境を確保する観点から重要な検討課題である．着雪についてはこれまで様々な視点から研究が行われており，固体の表面エネルギーや表面粗さ，比熱などの固体材料因子のほか，気温，風速，風向，日射量といった自然条件因子や，地上からの高さ，角度といった設置条件因子が影響することが知られている．日本では豪雪地域の多くで過疎化が進行している．雪質は比較的湿った重い雪が多く雪害対策や除雪の労力低減の視点から着雪防止技術のニーズが高く，素材や機構，設置角度など様々な技術が開発されている[1-8]．

　降雪時の雪は液体の水が凍ってできた氷ではなく，水蒸気が氷に直接昇華凝結した氷が内部に空気を含んだ形での集合体である（**図8.1**）．雪は地上に降り積もった時点から時間の経過とともに自重や焼結などにより刻々と変化し，我々が具体的に対象とする積雪は一般に水，空気，氷の複合体となる．雪と固体表面とにより生じる現象は，この複合体と固体表面との相互作用を考慮しなければならない．したがって水などの液体と固体表面との相互作用により生じる濡れ（着液）の挙動とつながる点と大きく異なる点がある．

　雪を形成する氷の表面には，氷と強く結合し，氷の表面に拘束された擬似液体層（quasi-liquid layer）と呼ばれる水の状態が存在する場合があるとされている．付着力や電気伝導，核磁気共鳴などを利用したいくつかの研究からおお

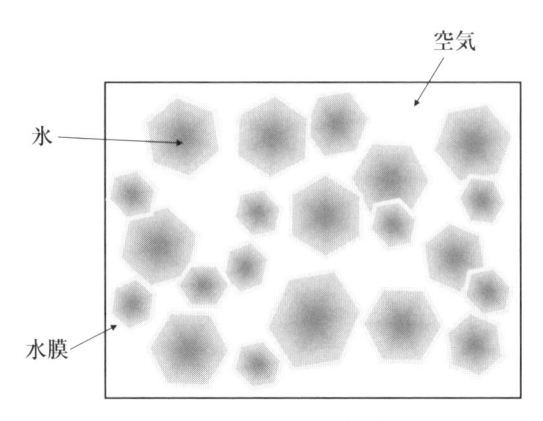

図 8.1 雪の構造.

およそ −10°C より高温の氷表面では常に擬似液体層が存在しており，温度の上昇とともにその量が増加するとされている．ただし氷の表面には温度上昇や不純物，加圧融解などにより，容易に擬似液体層よりはるかに多量の水を生じるため，擬似液体層の本質的な厚さを実験的に調べるのは大変困難である[9]．Fletcher は擬似液体層で覆われた氷表面の自由エネルギーが最小という条件から，氷分子表面の数十〜数百分子層程度の厚さであることを示した[10,11]．擬似液体層の構造や性質については現在も詳細は不明な点が多いが，水と氷の中間的な性質であることから，厚さ方向に水分子の秩序の度合いが傾斜していくはずである．

一方，Goertz らは常温近傍でプローブ顕微鏡と特殊なセンサー機能を付与した感知レバーを用い，一定周期で左右に感知レバーを動かしながら，固体表面から離れたところから徐々に感知レバーを固体表面に近づけていき，その際に感知レバーにかかる力の固体表面からの距離に対する依存性を詳細に調べた．その結果，親水性固体表面では表面から 0.5〜2 nm 程度の範囲でこの力が極端に大きくなり，このような現象が撥水表面ではみられないことを報告している[12]．この範囲が常温近傍での親水表面での擬似液体層に相当すると考えられ，この値は電気二重層での固定層の厚さとほぼ同程度である．感知レバーが

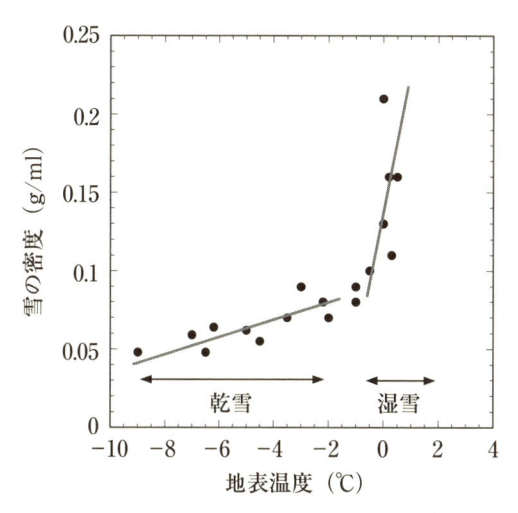

図 8.2 雪の密度の地上温度依存性[14].

受けた摩擦力の大きさとそのスキャン速度依存性から，彼らはこの擬似液体層の粘性がケチャップとピーナツクリームの中間程度と報告している．彼らの実験では雪を用いているわけではないが（実際に彼らが用いた固体表面はシリカ），この実験は親水性表面において表面に強く束縛された高粘性の水の層が存在することを実証している．

　雪の分類については，日本雪氷学会が構造や密度から詳細な名称付けを行っているが[13]，固体表面とのマクロな相互作用を議論する場合，水を多く含んだ湿雪か，水が比較的少ない乾雪かどうかでおおむね分類できる．**図 8.2** に地上の気温と地上に降った雪の見かけの密度の実測結果を示す[14]．-2°C 付近で密度の変化の傾向に屈曲点が存在することが分かる．地上の気温が比較的高い（-2°C 以上）と雪に水分が多く含まれ，北陸地方や東北南部で特徴的な重たい湿雪となる．一方，地上の気温が低い（-2°C 以下）と雪の水分が減少し，北海道などの極寒地で特徴的な軽い乾雪となる．屈曲点は水の影響がマクロにみた雪の見かけ密度に対して顕著になる温度点と見なすことができる．水分の多い雪は流体に近い性質を，水分の少ない雪は固体に近い性質をとると考えら

れるが，固体である氷は水素結合で構成された特色のある結晶構造で水との相互作用が大きい．このため固体-液体-気体の単純な複合体とは理解されないこともある．

8.1.2 着落雪と固体の濡れ性

着雪性は，固体表面と降ってきた雪との相互作用による付着（くっつきやすいかくっつきにくいか）と理解される．雪の固体表面への付着力の大きさは雪と材料間に働く相互作用によって決まり，水を多く含んだ湿雪では水の表面張力が，乾雪では固体間相互作用が主な要因と考えられる．

着雪とともに重要な固体表面での雪に対する性質に落雪性がある．これは文字通り付着した雪が落ちる現象で，後述するように雪が付着しにくい表面が必ずしも落雪しやすい表面とはならない．付着はしにくいが，降雪量が多くひとたび着雪が始まってしまうと，なかなかその雪が落ちない表面が存在する．着雪性と落雪性は同じ傾向（着雪性が低く，落雪性に優れる）を示す場合もあるが，必ずしも同じ要因により支配されているわけではなく，その特性は表面特性と雪の性質（湿雪か乾雪か）との組み合わせで大きく変化する．ただしここで議論する着雪と落雪はマクロな性質であって，ミクロな議論ではない点を付記しておく．

加古らは，超撥水を含む様々な撥水性コーティングを施したガラスと，親水性で粗さのない未処理のガラスについて，北海道岩見沢（乾雪）と新潟県長岡（湿雪）で屋外暴露試験を行い，着雪と落雪の挙動を系統的に評価した[15]．着雪挙動は一定時間暴露した際の表面積全体に対する着雪面積率で，また落雪は，降雪で各試料が全面着雪した際に落雪を開始するまでの積雪量を落雪開始積雪量として評価している．設置角度は 45° で実験開始前に試料表面の温度を外気と同じになるよう調整してある．その際の風景を図 8.3 に，代表的な結果を図 8.4 に示す．図 8.4 と図 8.5 の縦軸（Z 軸）は着雪率（全体の面積に対する雪の付着面積率で単位は％．算出は画像処理）または落雪開始積雪量（試料上の積雪が落雪を開始した際の雪の厚みと試料面積，そのときの雪の密度から，その表面から落雪する場合の雪の総重量を算出したもの，単位はグラム）であ

8.1 着落雪

図 8.3 着雪実験の風景.

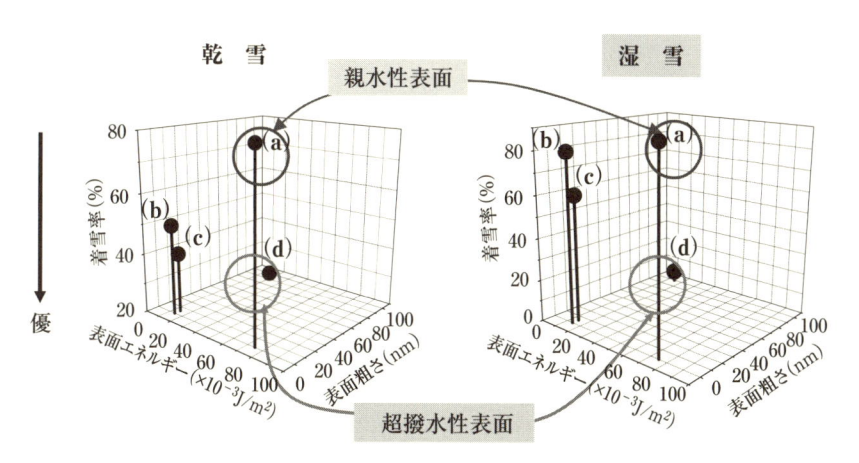

図 8.4 表面エネルギーと表面粗さに対する着雪率の違い[14].

り，2つの横軸（X軸，Y軸）は，一方が算術表面粗さ値 Ra，もう一方が平滑面を想定した場合の表面エネルギーである．超撥水表面は粗さが大きく，表面エネルギーが低い位置の点(d)が該当し，未処理のガラスは粗さが小さく，表面エネルギーが高い位置の点(a)が該当する．屋外での実暴であるため自然

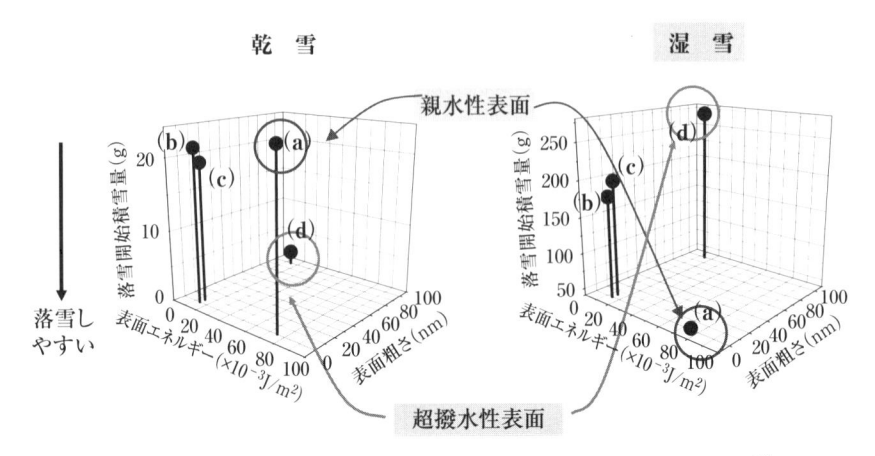

図 8.5 表面エネルギーと表面粗さに対する落雪開始積雪量の違い[14].

条件は厳密には一定ではないが，これらの結果は実測データの中で雪質に対する特性でもっとも一般的な傾向として得られたものである．彼らの結果では着雪については湿雪，乾雪にかかわらず，超撥水性材料(d)が最も着雪しにくい傾向を示していることが分かる．一方，落雪（図8.5）については，乾雪では超撥水(d)が最も優れているが，湿雪では超撥水が最も悪く，親水性で粗さのない未処理のガラス(a)が最も優れていた．

超撥水性表面は最表面が不活性な CF_3 基で覆われているために水や氷との相互作用が小さい上，表面の粗さのレベルがこの実験ではサブミクロン単位であり，雪の大きさよりもはるかに小さいため，雪との実質的な接触面積が著しく少なくなり，このため付着が少ない．この効果は水であれ氷であれ同様に起こることから着雪については湿雪，乾雪にかかわらず，超撥水性材料が最も着雪しにくい傾向を示すことになる．

一方，落雪においては，水分が少ない乾雪に関しては着雪の場合と同様，超撥水性材料が最も少ない積雪量で落雪し，落雪しやすい表面である．これは着雪の場合と同様，相互作用が少ない上，雪と固体表面との接触点数が少なく，転落に対する固体間摩擦抵抗が少ないためである．

しかしながら湿雪の落雪では超撥水表面上では最も遅く，親水性で粗さのない未処理のガラスが最も優れていた．先に述べたように撥水性固体表面における水の転落性は水滴の三重線の長さと連続性が影響を及ぼし，一般に水分子の水滴中での流動抵抗はほとんど無視できる．湿雪は氷と水と空気との複合体であり，この複合体が自由な流動状態を得るためには，水の量が増して水膜がある程度厚くなる必要がある．しかしながら水に固体が混入してきた場合，系全体の見かけの粘性は急激に上昇する．この粘性の上昇はFarrisにより以下のような関係式が提示されている[16]．

$$\eta = \eta_0(1-\phi)^{-K} \quad (8.1)$$

ここで，η は粘度，ϕ は固体の体積分率，K は正の定数である．

図 8.6 に比重がほぼ1の中空ガラスビーズと水との混合物を作製し，その転落性を様々な固体表面で評価した結果を示す．この系での K の値はほぼ6.3であった．ガラスビーズは表面に親水的なシラノール基を有することから水との親和性がよく，擬似的な雪の構造と見なすことができる．固体濃度が増加して粘性が上昇し始めるのに伴い，転落角が急激に上昇することが分かる．このこ

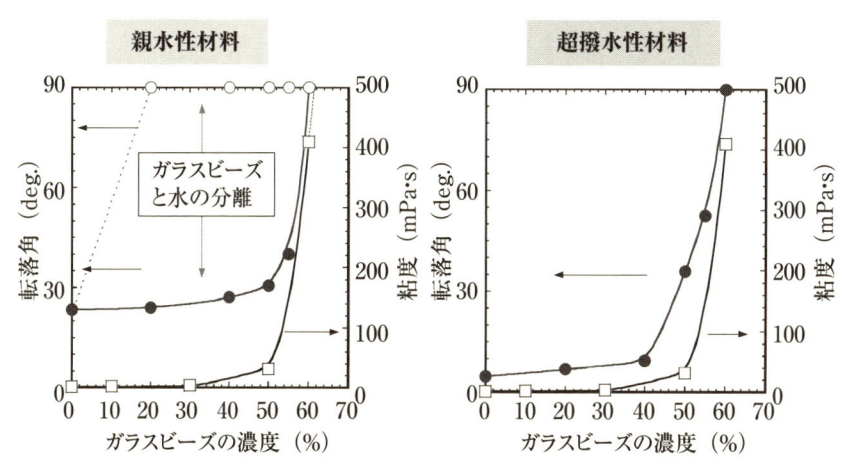

図 8.6 ガラスビーズを用いた模擬雪の転落角と見かけ粘度との関係[14]．

とは系の粘性が上昇するにつれて三重線の長さと連続性から，粘性流動へと転落を支配する因子が変化することを示唆している．さらに固形分が多くなり，固体濃度が100％に近づくと，転落の主要モードは粘性流動から固体間摩擦に移行する．すなわち固体分の上昇により水滴から湿雪（ミゾレ状態を含む），乾雪へと変化するが，それにより転落性の支配因子が変化していく．中空ガラスビーズと水を複合した模擬雪を用いて実施したモデル実験では，固体濃度が40％以下の領域では三重線抗力支配，40～80％付近までは主には粘性流動支配，80％以降は摩擦抵抗支配となる傾向がみられた．

しかしながらこの変化は撥水性固体表面においてのみ起こる現象であり，親水性表面では状況が異なる．固体表面が親水性である場合，湿雪では固体表面にも水が移動して水膜を形成する．そして氷が水より比重が軽いことから，水が流れ出すと共にその上に氷が浮上して運ばれる．したがって湿雪では粘性流動が支配的なモードにはなりにくく，むしろ湿雪中の水分が親水性固体表面上に適当な厚さの水膜を形成する現象が支配的となる．湿雪に対して未処理のガラスが少ない落雪開始積雪量を示したのは，表面が親水的であったために水膜が形成されたことと，平滑であるため落雪のために必要な水膜が薄くてすんだことが原因である．撥水表面では雪から固体への水の移動が起こらないため落雪現象が粘性流動支配になり，超撥水表面内に導入されている粗さが逆に抵抗を高める結果となり，落雪を著しく阻害する．以上のように固体表面の水転落角の低いもの（超撥水表面では水滴の転落角がきわめて低い）を選んでも必ずしも湿雪の落雪に有効であるとは限らず，落雪促進材料の設計にあたっては水の転落角の情報は限られた範囲でしか有効でない．

加えて0℃付近での氷と水の複合体は，あたかも融点近傍でのガラスとその融体のようなもので，経時的に液相を介して焼結を起こしている．これにより，粒子再配列，溶解再析出，Ostwald成長（図3.12参照）などを起こしながら強固なネットワークも形成する．これらが落雪に対する抵抗となることも水にはない重要な特徴である．

8.1.3 濡れ性の組み合わせが湿雪の落雪に与える影響

　着雪性が最も低いのは雪の種類によらず超撥水表面であり，乾雪の落雪開始積雪量が最も少ないのも超撥水表面である．しかしながら湿雪の落雪開始積雪量は超撥水表面が最も高い．親水部分と撥水部分を組み合わせた表面ではどうであろうか？

　加古らは超撥水表面と平滑親水表面を図 8.7 のように，ストライプ状に同じ高さで組み合わせた場合（2d サンプル）と，段差をつけて組み合わせた場合（上面を平滑親水表面，溝の底面と側面を超撥水表面：3d サンプル）について，湿雪の落雪挙動を実暴により比較検討している[17]．その結果を図 8.8 に示す．

　図から明らかなように 3d サンプルは着雪率，落雪開始積雪量とも超撥水表面と平滑親水表面の中間的な値を示すが，2d サンプルでは着雪率は 3d サンプル同様超撥水表面と平滑親水表面の中間的な値を示すものの，落雪開始積雪量は超撥水表面単独よりも著しく悪くなる．すなわち組み合わせたことが逆効果になっている．2d サンプルでも 3d サンプルでも中空ビーズによる模擬雪を用いた実験から水が親水部に移行する現象は観察されている．2d サンプルでは湿雪から親水性表面へ水が移動して系中の水分が減少するため，湿雪の見かけ粘度が増加する．このため落雪が阻害される．また親水部に移行した水も超撥

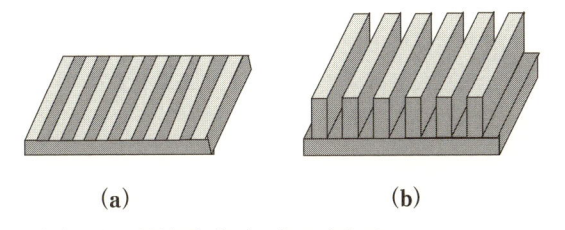

図 8.7　超撥水表面と平滑親水表面の組み合わせ．
薄網部分が親水部，濃網が超撥水部．(a) 2d サンプル，(b) 3d サンプル．図面では誇張しているが，実際の大きさは 200 mm 角，各ラインの幅は 1 mm，(b) の溝の深さも 1 mm．

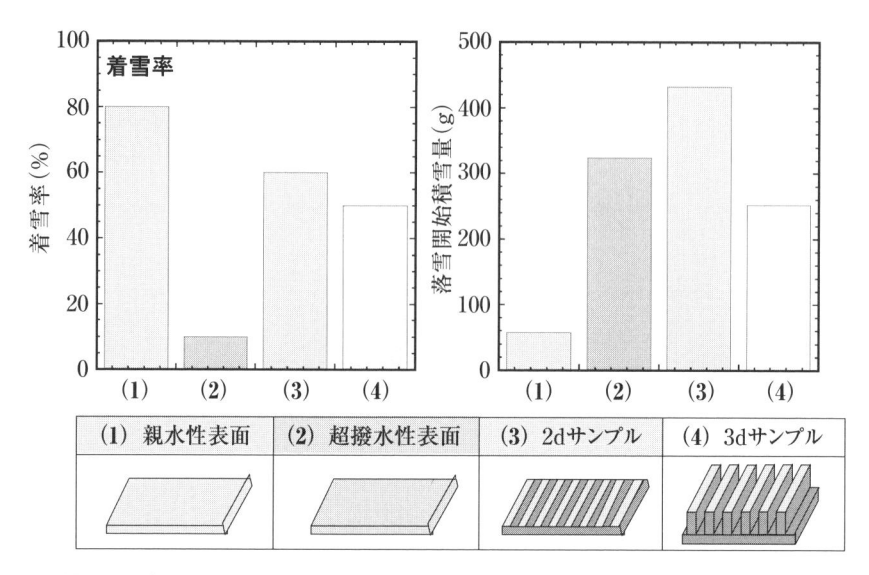

図 8.8 超撥水表面と平滑親水表面の組み合わせ方による湿雪の着雪率，落雪開始積雪量の違い[17].

水部分の粗さがあるため雪を滑らせて落とすのに必要な水膜の厚さが平滑面に比べて厚く，充分な厚さの水膜を形成できない．一方，3dサンプルでは平滑親水表面に隣接する部分が空気の層であるため超撥水部分との相互作用が小さく，また超撥水表面の粗さが落雪に必要な水膜の厚さに影響を与えることもない．このため親水面の水膜形成により落雪を促進できるのである．

水を含んだ複合体の固体表面の転落挙動を制御するには固体表面と複合体との相互作用を考慮した上，場合によっては適当な位置に水のチャンネルを形成することが効果的といえる．

8.2 固体表面での水滴の氷結

8.2.1 均一核生成と不均一核生成[18]

水を冷却するとやがて氷になる．水が氷になる現象は広く「氷結」(freezing）と呼ばれ，この現象は液相である水から，固相である氷が析出する相変化の1つである．相変化は新しい相の「核生成」(nucleation)に始まり，その「成長」(growth)により，新しい相が発達して元の相が消滅することで完了する．

　一方，水は振動や汚染を抑えて冷却すると容易に過冷却状態[*1]になる．過冷却水の氷結温度については様々な報告があるが，最も低い事例では，-75℃という値が報告されている[19)]．このような過冷却現象が観察されるのは，氷結が核生成を伴い，そのための駆動力が必要になるためである．図8.9に液相と固相のGibbsの自由エネルギーを模式的に示す．液相は固相に比べ，エントロピーが大きいが，温度の低下とともにその差は小さくなり，平衡温度T_Eで交差する．系の温度がT_Eより高い場合は液相が安定であり，逆にT_Eより低い場合は固相が安定である．ある温度Tにおける液相と固相のGibbsの自由エネルギー差ΔGは$G_S - G_L$であり，以下のように記述される．

$$\Delta G(T) = \Delta H(T) - T\Delta S(T) \tag{8.2}$$

ここで，ΔH，ΔSはそれぞれ液相と固相のエンタルピーの差とエントロピーの差である．一方，ある温度におけるエンタルピー差とエントロピー差は比熱

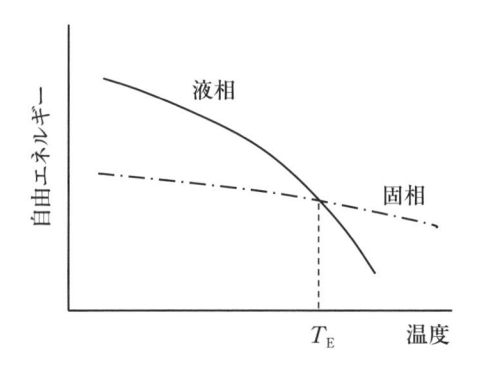

図8.9 液相と固相の自由エネルギーの関係．

[*1] 結晶化温度より温度が低くても結晶化しない現象．氷結は水の結晶化と見なすことができ，摂氏0度以下でも凍らない水のことを過冷却水と呼ぶ．

の差を ΔC_p とすると,以下のように記述できる.

$$\Delta H(T) = \Delta H_f - \int_T^{T_E} \Delta C_P(T) dT \qquad (8.3)$$

$$\Delta S(T) = \Delta S_f - \int_T^{T_E} \frac{\Delta C_P(T)}{T} dT \qquad (8.4)$$

$$\Delta H_f = T_E \Delta S_f \qquad (8.5)$$

ΔH_f は T_E における融解潜熱であり,ΔS_f はその際のエントロピー差である.(8.3)式から(8.5)式までを(8.2)式に代入し,ΔC_p はきわめて小さいので無視すると,以下の式が得られる.

$$\Delta G(T) = \frac{\Delta H_f \Delta T}{T_E} \qquad (8.6)$$

ただし ΔT は過冷却度 ($T_E - T$) である.すなわち,氷結の駆動力は過冷却度が大きいほど大きくなる(ただしこの式は $\Delta T/T_E$ がある範囲にないと成立しない).

熱力学的に氷結が可能な条件になると,水中から氷の核生成が生じる.水中の分子は局所的な揺らぎにより,氷に近い構造の微小な核がたえず形成,消滅を繰り返している.そして核が一定の大きさより大きければ消滅することなく成長し,水全体が氷結する.

水中の分子と,水の中に形成された氷の核の間の自由エネルギー差 ΔG は,核生成に伴い,新たな表面が生まれることによる過剰な表面エネルギー ΔG_S と,氷自体が持つバルクの自由エネルギー ΔG_B の和で表される.

$$\Delta G = \Delta G_B + \Delta G_S \qquad (8.7)$$

今,氷の核の形状を簡単のため,半径 r の球形と仮定すると,ΔG_S は r の2乗,ΔG_B は r の3乗に比例する.水と氷との単位面積あたりの界面自由エネルギーを γ,単位体積あたりの氷と水との自由エネルギー差を $-\Delta \mu_V$ とすると,ΔG_S と ΔG_B は r に対して以下のように記述できる.

$$\Delta G_S = 4\pi r^2 \gamma \qquad (8.8)$$

8.2 固体表面での水滴の氷結

$$\Delta G_\mathrm{B} = -\frac{4}{3}\pi r^3 \Delta \mu_\mathrm{V} \tag{8.9}$$

r が小さい場合は ΔG_S が優勢になって ΔG は正であり，r が大きくなると ΔG_B が優勢になって ΔG は負になる．この関係を**図 8.10** に示す．核がより大きく成長して全体の氷結につながるかどうかは，図 8.10 の ΔG の曲線の山を越えられるか否かで決まり，その際の r の大きさは(8.8)式，(8.9)式を(8.7)式に代入して r で微分して $=0$ とすることにより，$2\gamma/\Delta\mu_\mathrm{V}$ と求められる．この値を(8.7)式に代入すると，核生成に対する活性化エネルギーを以下のように求めることができる．

$$\Delta G^* = \frac{16\pi\gamma^3}{3\Delta\mu_\mathrm{V}} \tag{8.10}$$

以上は熱力学条件のみが関与する理想化した核生成の過程であり，このような核生成のことを「均一核生成」(homogeneous nucleation) と呼ぶ．実際の系では均一核生成が起きる可能性はほとんどなく，気泡や容器の壁などの異物質から容易に核生成し，そのような核生成を「不均一核生成」(heterogeneous nucleation) と呼ぶ．

図 8.11 に異物質上に生成した核を示す．簡単のため，核を球体の一部とし

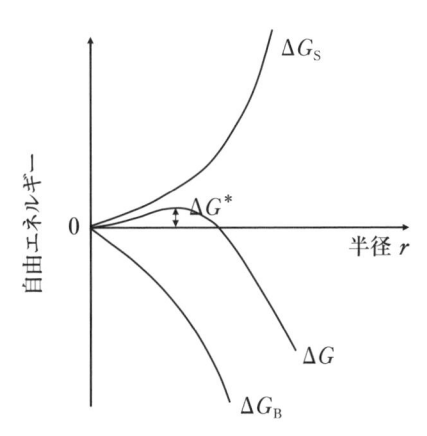

図 8.10 核の大きさと自由エネルギーの関係．

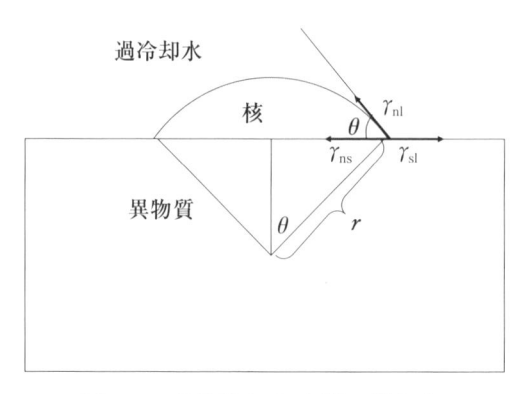

図 8.11 異物質上での不均一核生成.

て記述する．核(n)と異物質(s)と液相(l)との間の界面自由エネルギーをそれぞれ，γ_{ns}，γ_{sl}，γ_{nl} とすると，核と異物質のなす角を θ とすると，以下の関係がある．

$$\gamma_{ns}+\gamma_{nl}\cos\theta=\gamma_{sl} \tag{8.11}$$

液相と核の界面の面積 S_{nl} と，核と異物質の界面の面積 S_{ns} は，

$$S_{nl}=\int_0^\theta 2\pi r^2\sin\theta d\theta=2\pi r^2(1-\cos\theta), \tag{8.12}$$

$$S_{ns}=\pi r^2\sin^2\theta \tag{8.13}$$

したがって生成した不均一核の全表面エネルギー ΔG_S は

$$\Delta G_S=2\pi r^2\gamma_{nl}(1-\cos\theta)+\pi r^2(\gamma_{ns}-\gamma_{sl})\sin^2\theta \tag{8.14}$$

となる．同様に角の部分の体積 V は

$$V=\int_0^\theta \pi(r\sin\theta)^2 r\sin\theta d\theta=\pi r^3\int_0^\theta \sin^3\theta d\theta$$

$$=\pi r^3\frac{(1-\cos\theta)^2(2+\cos\theta)}{3} \tag{8.15}$$

不均一核が1個生成されることによる系の自由エネルギー変化は

$$\Delta G_{\text{hetero}}=-\Delta\mu_V V+S \tag{8.16}$$

(8.11)式，(8.14)式，(8.15)式をこの式に代入すると

$$\Delta G_{\text{hetero}} = \left(\frac{-4\pi r^3 \Delta \mu_{\text{V}}}{3} + 4\pi r^2 \gamma_{\text{nl}} \right) \frac{(1-\cos\theta)^2 (2+\cos\theta)}{4} \quad (8.17)$$

(8.17)式の初めの括弧は均一核生成の自由エネルギーに他ならない．したがって右辺第2項の寄与により，不均一核生成の活性化エネルギーは大幅に低下する．例えば θ が 90° では活性化エネルギーは 1/2 に，θ が 30° では活性化エネルギーは 1/50 になる．

この式では θ が核と異物質のなす角であるが，水から氷の核が生じる場合，液相と固相の組成が同じであり，核の表面エネルギーは氷結直前の水と大きな違いはない．したがってこの θ は水滴の接触角とも同様の相関があると考えることができる．すなわち水との接触角が低い異物質ほど不均一核生成に伴う氷結の活性化エネルギーは低くなる．

8.2.2 水滴の氷結に及ぼす表面の効果

撥水コーティング上に 30 mg 前後の水滴を載せ，振動や埃などの汚染を避けて 0.5〜5℃/min 程度で徐々に冷却を行うと，多くの場合，−20℃ 程度まで過冷却状態を維持し，その後瞬時に氷結する．この温度は報告されている過冷却液体の氷結温度（−75℃ 程度）に比べてかなり高く，固体-液体界面からの不均一核生成による氷結であることは容易に想像できる．しかしながら固体-液体界面のどこが核生成サイトになっているのか，ということについては未だ充分には明確になっていない．5章でも述べたように，撥水表面における水滴の転落角は，三重線の長さと方向により影響を受けることが知られている（5.6節参照）．また三重線上は線張力（図5.8参照）も作用することが知られており，三重線の内側の固体-液体界面に比べ，不安定であることが予想される．

鈴木らはシランカップリング剤で撥水処理したシリコン基板を熱容量の大きなアルミニウムブロックに載せ，ドライアイスとエタノールの混合冷媒で同ブロックを冷却してそのシリコン上の水滴の氷結過程を高速度カメラで直接観察した．その結果，氷結は常に三重線から開始することを確認した[20]．彼らが検討した条件では三重線と液滴内部との間に熱容量や熱伝導に伴う温度差が生じ

ている可能性は低く，氷結が三重線起源になっていることを示している．

　氷結に及ぼす固体表面の組成の効果はどうであろうか？　鈴木らは各種のシランカップリング剤で表面処理した撥水表面での水滴の氷結温度をDSC[*2]を用いて0.5℃/minで冷却しながら評価した[20]．過冷却状態の水滴が氷結する際，急激な発熱が起こるので，その際の熱の出入りを調べることで氷結温度を評価できる．彼らは接触角が高いものほど氷結温度が低くなる傾向があることに加え，フッ素系のシラン上では，接触角が低いものでも優位に氷結温度が低くなることを示した．着液面積の違いはほとんど影響せず，表面の不均一性を排除してもこの結果は変わらなかった．このことはフッ素表面が水と強い相互作用がある（常温近傍では熱振動の作用であまり顕著でないが，低温ではこの効果がより顕在化する）ことに加え[21]，フッ素系シランがアルキル系シランに比べて剛直で柔軟性に乏しい[22]ために，接触している水の自由度が違う可能性を示唆している．

　酒井らは鈴木らと同じフッ素系シランとアルキル系シランを用いて室温での水滴の内部流動を可視化し，その結果からフッ素系の方が回転モードが多く，すべりモードが少ないことを明らかにしている[23]．このことは撥水表面に接している水の自由度が違う可能性を支持しており，過冷却水滴の氷結挙動に表面化学組成は少なからず影響するといえる．

　表面の不均一性は氷結の核生成を容易にし，氷結を促進する[24]．しかしその程度は実験条件や周囲の環境に大きく依存し，未だ充分な検討はなされていない．しかしながらきちんと制御された条件下では数十nmレベルの組成の不均一も氷結の促進に寄与する．

8.2.3　水滴の氷結に及ぼす外部電場の効果

　過冷却状態の水に電位を作用させると氷結が促進することが知られており，この現象はelectrofreezingと呼ばれている[25]．Electrofreezingが生じる機構については様々な検討が行われており，振動の誘起[26]，気泡の形成[27]，水分子

[*2]　加熱や冷却の過程で物質の熱の出入りを計測する装置．

8.2 固体表面での水滴の氷結　181

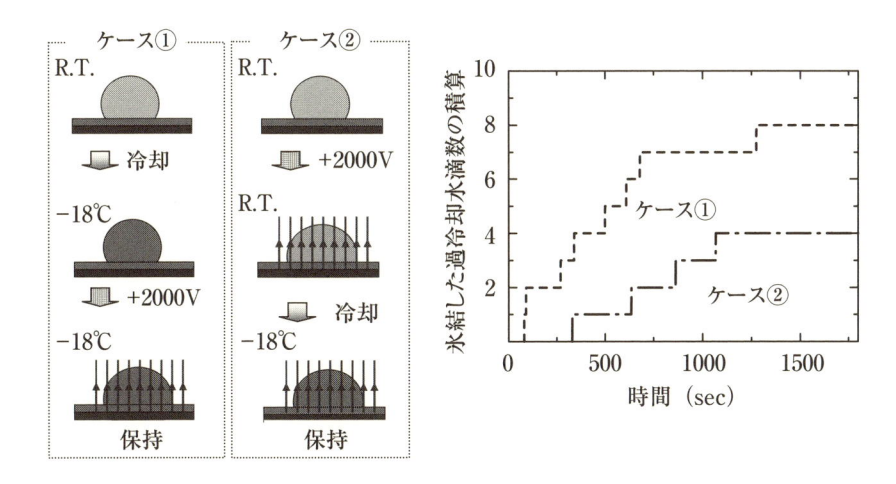

図 8.12 帯電のさせ方と氷結の様子の違い．
①のケースでは−18℃まで冷却してから帯電させて 30 分間保持．②のケースでは常温で帯電させてから−18℃まで冷却してその温度で 30 分間保持．②のケースの方が保持の間に氷結する個数が少ない．

の分極と電場との相互作用[28]などの影響が指摘されている．撥水性固体表面の水滴が過冷却状態である場合，固体への電位付与は濡れ性を変化させ，三重線近傍の不安定性が増し，ここでの水分子の移動が促進されることから氷の核生成が容易になる．しかしながら一方で水のような dipole モーメントをもつ液体分子では，電位の付与は水分子の固体-液体界面でのエントロピーを低下させ，氷の核生成に必要な水分子の再配列を阻害するため，逆に氷結が起こりにくくなる場合がある．今瀬らは温度分布に優れたセルを用いて 1.5 μL の水滴に様々な方法で電位をかけ，氷結挙動を評価した結果，冷却前から電位を与えた場合，冷却後に電位をかける場合に比べ，氷結が起こりにくいことを示した（**図 8.12** 参照）[29]．冷却前から電位を付与した場合，電位による水分子の配向が固定され，界面での水分子の自由な流動が抑制されることから氷結が起こりにくいのに対し，冷却後に電位をかけた場合，三重線上の水分子に移動の駆動力を与えるため，氷結が促進されたと考えられる．

第8章 参考文献

(1) 苫米地司, 高倉政寛, 伊東敏幸, 日本雪工学会誌, **12**, 205（1996）
(2) 吉田光則, 日本接着学会誌, **30**, 418（1994）
(3) 斎藤博之, 高井健一, 高沢寿佳, 山内五郎, 材料, **46**, 551（1997）
(4) 伊東敏幸, 湯浅雅也, 苫米地司, 今津隆二, 日本雪工学会誌, **11**, 283（1995）
(5) 竹内政夫, 雪氷, **40**, 117（1978）
(6) 湯浅雅也, 今津隆二, 藤原真也, 苫米地司, 第14寒地技術シンポジウム, I-014, 70（1999）
(7) 湯浅雅也, 今津隆二, 藤原真也, 苫米地司, 第14寒地技術シンポジウム, I-006, 30（1998）
(8) 吉田光則, 吉田昌充, 金野克美, 北海道立工業試験場報告, **299**, 13（2000）
(9) 前野紀一, 黒田登志雄, "雪氷の構造と物性", 古今書院, pp.1-198（1999）
(10) N. H. Fletcher, *Phil. Mag.*, **7**, 255（1962）
(11) N. H. Fletcher, *Phil. Mag.*, **18**, 1287（1968）
(12) M. P. Goertz et al., "Interfacial Force Microscopy of Viscous Water on Hydrophilic Surface", AVS 53rd International Symposium and Exhibition, San Francisco, U.S.A. SS2＋NS＋TF-ThA3（2006）
(13) 日本雪氷学会編, "雪氷の研究", **4**, 31（1970）
(14) 中島章, 渡部俊也, 橋本和仁, 現代化学, **371**, 22（2002）
(15) 加古哲也, 中島章, 加藤善治, 植松敬三, 渡部俊也, 橋本和仁, 日本セラミックス協会学術論文誌, **110**, 186（2002）
(16) R. J. Farris, *Transactions of the Society of Rheology*, **12**[2], 281（1968）
(17) T. Kako, A. Nakajima, H. Irie, Z. Kato, K. Uematsu, T. Watanabe and K. Hashimoto, *J. Mater. Sci.*, **39**, 547（2004）
(18) 日本化学会編, "固体の関与する無機反応", pp.61-68（1975）
(19) L. S. Bartell and J. Huang, *J. Phys. Chem.*, **98**, 7455（1994）
(20) S. Suzuki, A. Nakajima, N. Yoshida, M. Sakai, A. Hashimoto, Y. Kameshima and K. Okada, *Chem. Phys. Lett.*, **444**, 37（2007）
(21) H. Umeyama and K. Morokuma, *J. Am. Chem. Soc.*, **99**, 1316（1977）
(22) 村瀬平八, 学位論文 "表面エネルギーとモルフォロジー制御による不均質系有機塗膜の機能化の研究", 東京大学大学院 工学研究科（1999年7月）

(23) M. Sakai, J. H. Song, N. Yoshida, S. Suzuki, Y. Kameshima and A. Nakajima, *Langmuir*, **22**, 4906 (2006)

(24) S. Suzuki, A. Nakajima, N. Yoshida, M. Sakai, A. Hashimoto, Y. Kameshima and K. Okada, *Langmuir*, **23**, 8674 (2007)

(25) H. R. Pruppacher, *J. Geophys. Res.*, **68**, 4463 (1963) ; R. W. Salt, *Science*, **133**, 458 (1961)

(26) G. R. Edwards, L. F. Evans and D. Hamann, *Nature*, **223**, 590 (1969)

(27) T. Shichiri and Y. Araki, *J. Cryst. Growth*, **78**, 502 (1986)

(28) M. Gavish, J. L. Wang, M. Eisenstein, M. Lahav and M. Leiserowitz, *Science*, **256**, 815 (1993)

(29) A. Nakajima, A. Imase, S. Suzuki, N. Yoshida, M. Sakai, A. Hashimoto, Y. Kameshima, H. Toshiyoshi and K. Okada, *Chem. Lett.*, **38**, 1020 (2007)

9
各種基材の濡れ制御とそのための材料

9.1 高分子の濡れ制御[1,2]

ポリマーは一般に数十×10^{-3}(J/m^2) 程度の表面エネルギーを持つ．これは水の表面エネルギーに比べると小さいため，一部の例外を除いて水に濡れにくく，水より表面エネルギーの低い油や有機溶剤に一般に濡れやすい．また化学的特性は表面官能基の種類と量に依存し，$-NH_2$, $-COO-$, $-COOH$, $-OH$, $-O-$, $-PO_3$ などの親水基が多いと親水性が高くなる．このようなポリマー表面の濡れ制御の手法には大きく分けて，1) 化学的処理，2) 物理的処理，3) 添加剤処理，の3つがある．

1) 化学的処理

化学処理には，エッチングや薬品浸漬による官能基の導入，溶剤浸漬や蒸気処理による表面の清浄化と膨潤の誘起，カップリング材やポリマーコーティングによるプライマー層（中間層）の形成，電解液中での電気化学的処理などがある．基本的には表面組成を形成することで液体との相互作用を増減させている．

2) 物理的処理

物理処理は，紫外線の照射，プラズマ処理やスパッタリング，プラズマ重合処理，イオンビーム照射，機械研磨などがある．いずれも表面の粗さ付与や汚染除去，親水性官能基形成が主な機構である．特にPET（ポリエチレンテレフタレート）のフィルムへのコーティングでは表面濡れ性を向上させる目的でコロナ放電が広く用いられている．これは表面の有機系の吸着汚れが焼き飛ぶ

ほか，親水的な官能基が形成されるためである．一方，フッ素含有ガス中でプラズマ重合を行うと，フッ素を含有した物質からなる薄膜が表面に形成され，表面が疎水化する．表面に微細な孔をあけて多孔化することで毛管力を利用して親媒性を向上させることもある．

3) 添加剤処理

界面活性剤を添加することで表面を親水化することが可能である．また表面エネルギーが異なるポリマーをブレンドして分相構造にすると，先に述べたCassieの式（4.3.1項参照）に従って，表面での面積率に対応した表面エネルギーが得られる．

9.2　金属・セラミックスの濡れ制御[1,2]

金属やセラミックスは一般に表面は酸化物に覆われていることが多い．金属酸化物の結合はCoulomb相互作用が主体であるため，表面は極性を持つものが一般的である．このため清浄な表面では表面エネルギーの値が数百〜数千 $\times 10^{-3}(J/m^2)$ に達し，本来は親水・親油的である．陶磁器の工場で焼成窯から取り出した直後の製品の表面は，有機成分が焼かれており，ガラス質の釉薬（ゆうやく）本来の表面性状になっているため，超親水状態の表面が得られる．しかしながら常温での放置の際に，表面に有機系の物質が吸着してしまうため表面エネルギーが低下し，不完全な濡れの状態になっているのが一般的である．金属・セラミックスでの表面処理にも化学的処理と物理的処理がある．

1) 化学的処理

多くの酸化物では表面にOH基を多数有することから，シランカップリング材（図4.1参照）による撥水処理や，OH基を投錨部分として吸着することが可能な親水部位を有する高分子，オリゴマー[*1]，界面活性剤のコーティング

[*1] 重合度が2〜20程度の低分子量の重合体．

が濡れ性改質の目的で行われる．自動車用撥水ガラスはガラス表面に結合するシランを蒸着処理することで作製される．また逆にコロイダルシリカなど，安定したOH基を多量に含む物質をコーティングすることで表面の親水性を著しく上げることも行われる．親水化の点では酸化力の高い薬品や洗浄力の高い溶剤による表面の清浄化も効果が高い．またガラスの表面は熱濃硫酸中での煮沸やアルカリ処理によりエッチングを受け，表面粗さが増加するとともに単位面積あたりにOH基の密度も増加する．このことはガラスの濡れ性改善などに用いられる．

2） 物理的処理

耐熱性のある金属やセラミックスでは熱処理が最も容易かつ効果的な表面処理の手法である．熱処理は表面の有機物を焼き飛ばす（気化）ばかりでなく，単結晶物質の場合は効果的に実施すると表面の自己組織化を促進し，粗さを大幅に低減できることがある．ただし一方で表面エネルギーは結晶の面方位に依存し，多結晶体の粒界ではそれぞれの結晶面に対応する界面エネルギーを持つ．このため多結晶表面では一般に粒界部分が粒内に比べて速くエッチングされ，粗さを増大することがある．有機物の分解に効果がある紫外線照射やオゾン処理，プラズマ処理，電子線照射なども表面の清浄化に対し効果があり，半導体の製造プロセスなどで実用化されている．

9.3 撥水剤と親水剤

9.3.1 撥 水 剤[1]

固体表面を撥水処理するための材料は表面エネルギーの低い有機材料が用いられるのが一般的である．処理される基材は金属，セラミックス（特にガラス），樹脂，繊維，皮革など様々で，撥水処理の程度，基材材質，耐久性，価格などにより使い分ける．フッ素系の物質は表面エネルギーがアルキル系の物質より低いため，効果的に使用すると固体の表面エネルギーを最も低くすることができる．しかしながら価格が高いため高度な撥水性を求める場合に主に使

用され，一般にはシリコンや各種のアルキルを用いた物質が用いられる．水を対象にしている限りにおいては，撥水特性の面においてはフッ素系の物質の優位性はあまりなく，炭化水素系の物質で表面を構成してもおおむね対応できる．これは5.6節でも述べたように，水からみればフルオロカーボンもハイドロカーボンも充分に表面エネルギーが低いため，その差が顕在化しないためである．しかしながら水より表面エネルギーが低い，例えば有機溶剤の場合，フッ素系の物質の優位性がみられるようになる．また耐紫外線や耐薬品性の面でも炭化水素よりも優れている．撥水用途の物質としては界面活性剤，ワックス類，ポリマー類，シランカップリング剤に大別される．撥水剤の形態はワックス状や液状のものが多い．

1) 界面活性剤

撥液処理のみならず親液処理にも用いられ，1つの分子の中に極性基（親水的な部分）と非極性基（疎水的な部分）を持つ両親媒性物質である．固体，液体，気体の界面に配向しながら吸着し，界面の性質を変化させる．親水基が液の方に向いた吸着膜が固体表面に形成されるとその表面が親水性になって水に濡れるようになる一方，逆の形で吸着した場合は固体表面が疎水性になり，非水系溶媒に濡れるようになる．前者は非極性（黒鉛など）の固体表面に対して，後者は極性表面（イオン結合性物質など）に対して一般にみられる吸着形態である．

親水的な役割は主に$-NH_2$, $-COO^-Na^+$, $-SO_3^-Na^+$, $-COOH$, $-OH$, $-O-$, $-PO_4$, $-(O-CH_2-CH_2)_n-$ などの部位が果たし，疎水的な部位は，主には炭素数8～20のアルキル，アルキルフェニル，フルオロカーボンなどが担う．分子の化学種，鎖長，分枝の違いなどにより機能が変化する．界面活性剤の親水性と疎水性の比は一般に HLB（Hydrophile-Lipophile Balance）という値で比較され，これはいくつかの計算方法があるが，デイビス法では

$$HLB = (親水基の基数の総和) - (親油基の基数の総和) + 7$$

で計算される．基数は経験的に決められた表 9.1 から換算し，HLB が大きいほど親水性が強く，小さいほど親油性が強い．例えば，オレイン酸ナトリウム

9.3 撥水剤と親水剤

表 9.1 HLB の分子構造に対する基数.

親水基	基数	親油基	基数
-COO-Na$^+$	19.1	-CH$_3$	0.475
-SO$_3$-Na$^+$	11	-CH$_2$-	0.475
-COOH	2.1	=CH-	0.475
-OH	1.9		
-O-	1.3		

の場合，$C_{17}H_{33}COONa = 19.1 - 17 \times 0.475 + 7 = 18.025$ となる．2 つの HLB が異なる界面活性剤 a, b を混合した際の HLB はそれぞれの重量を W_a, W_b とした場合，

$$\frac{W_a HLB_a + W_b HLB_b}{W_a + W_b}$$

で表され，HLB が 13 を超えるものは水に完全に溶解するが，1～3 程度のものでは水に不溶である．

臨界ミセル濃度（Critical Micelle Concentration：cmc）を超えて存在すると，ミセルと呼ばれる，分子またはイオンの数十分子程度の集合体を形成する．臨界ミセル濃度は界面活性剤と溶媒の組み合わせにより決まり，おおむね 10^{-3}～10^{-6} mol/L 程度の値を持ち，固体表面への飽和吸着量の目安となる．ただし飽和吸着量は液の pH や電解質の濃度により変化する．

界面活性剤が単分子吸着より多量に存在すると，アルキル鎖間の van der Waals 力や，親水基同士の相互作用により 2 層吸着層が形成される．ただしこれらは屈曲度など分子の構造と吸着断面積の影響を受ける．一般に 3 層以上の吸着層は形成されない．**図 9.1** に強誘電体である鉛系酸化物粉末を極性が少ないトルエン中に分散させる際に，ポリオキシエチレンアルキルエーテル酢酸塩を添加したときの分散状態を示す．強誘電体鉛系酸化物粉末は強い極性を有するため通常の条件ではトルエンに分散しない．この系に界面活性剤を添加していくとある添加量で良分散状態が得られ，さらに添加量を増加していくと分散性が悪化していく様子が分かる．表面に単層で吸着している状態では表面改質

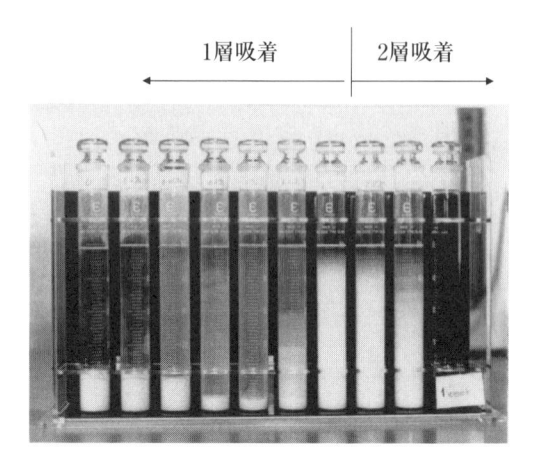

図 9.1 トルエンへの鉛系の強誘電体酸化物粉末の分散に及ぼす界面活性剤の効果.
左から右に向かって添加量が増加している（沈降時間：1週間）.
トルエンはほぼ無極性のため，極性の大きい物質の表面を疎水的に改質していくと分散がよくなる．界面活性剤が1層吸着したところで分散性が優れ，1週間経っても沈降しない（右から4本目）．2層吸着が始まると表面が再び親水的になり，分散性が低下する．

が良好に行われており，表面を低極性にしているが，添加量を増加させると2層吸着が起こり，再び表面が親水化していくため分散性が低下する．このように界面活性剤は添加の量に適正値が存在し，それを超える量を添加しても所望の効果が得られない．

界面活性剤は通常，親水基の性質により，イオン性と非イオン性に分けられ，イオン性はさらにアニオン性（陰イオン性），カチオン性（陽イオン性），両性に細分される．図9.2にその分類を示す．固体表面が溶媒中で正帯電している条件でアニオン系の界面活性剤で処理を行う場合（あるいはその逆），静電的に強く吸着する．このような組み合わせで表面処理を行うと，耐久性の高い処理が得られる．撥水化処理の単分子膜形成には炭素数が多いアルキル鎖を持つ界面活性剤が有効である．

9.3 撥水剤と親水剤　　191

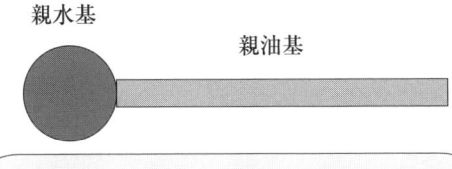

親水基　　　親油基

アニオン系
・アルキルスルホン酸ナトリウム（R-SO$_3$Na）
・アルキル燐酸ナトリウム（R-POO(ONa)$_2$）など
カチオン系
・アミン脂肪酸塩（RCOO-NH-R′）
・塩化アルキルアンモニウム（[R$_3$-N]$^+$Cl$^-$）など
両性
・アミノ酢酸ベタイン（R$_3$-N$^+$-CH$_2$COO$^-$）など
非イオン系
・脂肪酸エステル
・アルキルエーテル類

図 9.2　界面活性剤の分子構造とイオン性.

2) ワックス類

　主成分の物質は天然，もしくは石油系のポリオレフィン[*2]もしくはパラフィン[*3]である．多くの物質の艶出しに用いられ，エマルジョンタイプのものが多い．撥水性を高めるためフッ素を添加する場合もある．エマルジョンになっているものはHLBが10～16程度の非イオン界面活性剤を用いて乳化しているものが多い．下地との相互作用は分子間力や水素結合力が主であるため，一般に長期間の耐久性を得るのは困難である．

3) ポリマー類

　ポリマー材料は，基材と相互作用する投錨（アンカー）部分と，気体もしくは液体側に位置するテール部分があり，希薄濃度下では図2.9に示すように，ループ・トレイン・テール構造に自己組織化する．この構造はポリマーの側鎖

[*2]　C_nH_{2n} の重合体．

[*3]　C_nH_{2n+2}.

の長さ，種類，アンカーと相互作用する基材部分の種類と量，溶剤とポリマーの親和性などが関与する．ポリマーとの親和性がよく高分子が伸びた状態をとる溶媒を良溶媒と呼び，ポリマーとの親和性が低く官能基間相互作用が著しく，ポリマーが丸まってしまい，溶剤に溶解せず，固体表面に吸着しにくい状態になる溶媒を貧溶媒と呼ぶ．溶剤中でのポリマーの存在形態は溶液粘度の濃度依存性から求めることができる．この方法は，H. Mark, R. Houwink, 桜田一郎によって，ほぼ同時期に独立に導かれた．詳しい説明は専門書[3]に譲るが，当該高分子の分子量 M の増加に対する，無限希釈した高分子の溶液の粘度 η との間に，$\eta = kM^\alpha$ との関係が得られる．この α の値は0から2の間の値をとり，この値が大きいほど，当該高分子と溶剤との親和性が高く，構造が伸びた状態になる．

フッ素系の官能基を有するポリマーではフッ素含有官能基が表面エネルギー差により気体側に集中するため撥水性能が高い．フッ素含有官能基中のフッ素数が大きいほど，またその含有量が多いほど一般に撥水性能が高い．またフッ素含有官能基のみで構成されている PTFE は撥水性，耐熱性，耐食性に優れる．なお，フッ素含有コーティングは一般に帯電しやすい．

フッ素系のポリマーは撥水性は優れるものの一般に価格が高いため，安価な撥水材としてはジメチルシロキサンなどシリコン系のポリマーが用いられる．一般式を図 9.3 に示す．

4） カップリング剤

有機シランは $(X_n SiY_{4-n})$ からなる物質であり，X には，アルキル鎖（$C_n H_m$），フルオロアルキル鎖（$C_n F_m$-CH_2-CH_2-）などの疎水的な有機鎖を有し，Y には，Cl，イソシアネート基（-N=C=O），メトキシ基（-OCH$_3$）などの官能基を有している．有機シランをシラノール基（Si-OH）からなる表面と反応させると，有機シランの官能基が選択的に反応（脱水，重縮合反応）することによって Si-O-Si からなる強固な結合で疎水的有機鎖を固体表面に配列することができる．このような処理はシランカップリング処理（図 9.4）と呼ばれ，Si，SiO$_2$ 表面の撥水化処理として広く用いられてきた．Y に用いる部分で

9.3 撥水剤と親水剤

(a) シリコン系 (ex. Dimethylsiloxane)

(b) シランカップリング剤系 (ex. FAS)

(c) フッ素化合物 (ex. PTFE)

図 9.3 一般的な撥水剤の分子構造.
(a) シリコン系, (b) シランカップリング剤系, (c) フッ素化合物系.

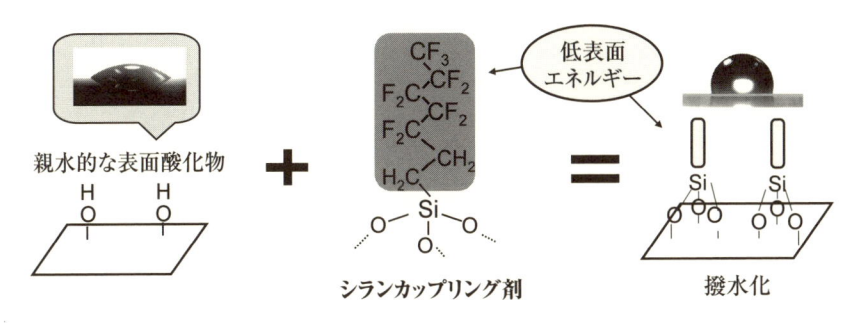

図 9.4 シランラップリング処理.

シラノールに対する反応性が大きく変化し，Cl では常温でも急速に反応するが，メトキシ基では Cl に比べると，反応の進行はきわめて緩やかである．

一方，有機シラン同士もシロキサン結合で結びつき，大きな凝集粒子となることがしばしばみられる．このため，シランカップリング反応で得られた Si やガラス表面には多くの凝集粒子が付着，あるいは強固に結合している場合がある．コーティングの厚さは理想的には単分子膜であるが通常は数 nm であ

る．この厚さは可視光の散乱が無視できることからガラス表面への処理に最適で，今日でも自動車など移動機械用の撥水ガラスの製造に広く用いられる．

9.3.2 親水化剤
1) コロイダルシリカ
非晶質で構造に水を多く含むシリカはシラノールと呼ばれる表面 OH 基を多数有し，それにより高度な親水表面を得ることができる．コロイダルシリカのコーティング表面は空気中の水分子を吸着するため，きわめて帯電しにくくなる．このためこの技術は有機系表面の除電コーティングとして以前から広く用いられてきた．結晶質シリカにはこのような用途はない．コーティング層に加熱を施すと，表面 OH 基同士の脱水重縮合が進行するため表面 OH 基数が減少し，親水特性が劣化する．

2) 酸化チタン光触媒 [4,5]
酸化チタンは，アナターゼ，ブルッカイト，ルチルの3つの多形を有する半導体である．このうちルチルは高温型，アナターゼが低温型で，相転移温度は製法と粒子径に依存するが，おおむね 500〜700℃ である．骨格は TiO_6 八面体が連結したもので，価電子帯を形成するのは主に酸素の 2p 軌道であり，伝導帯を形成するのはチタンの 3d 軌道である．バンドギャップは約 3 eV でルチルのバンドギャップはアナターゼに比べて上下に 0.1 eV 程度小さい．バンドギャップに相当する 380 nm 以下の波長の紫外光が酸化チタンに照射されると，電子励起により内部に電子とホールが生成し，それらの一部が表面の気体分子の吸着などにより生じるバンドの曲がり[*4]によって再結合することなく酸化チタン表面に移行する．この電子とホールは表面の水や酸素と反応して，・OH，・O_2^-，・HO_2（・は不対電子を表す）などの各種ラジカル（反応性のきわめて高い中間化合物）を生成し（ホールの一部は表面捕捉正孔としてそのまま

[*4] 異種物質との界面や液相，気相界面においてエネルギーバンドの値が変化する現象．外部から電位を与えることでも変化する．

表面に残留しているという説もある．また原子状酸素が発生しているとの説もある），これらのラジカルによりほとんどすべての有機物が分解される．このいわゆる光触媒分解の作用はかなり古くから知られており，酸化チタンをポリマーの充填材として使用する際の障害の1つとなっていた．

　酸化チタンの薄膜に吸収波長以下の紫外光を照射すると表面が親水化していき，最終的には水接触角がゼロになる．この現象の発見により固体表面に対して従来技術よりも高耐久な防水滴，防曇，セルフクリーニング性などの付与が可能になった．酸化チタンの光誘起超親水性の発現機構については現在もまだ解明されていない．酸化チタン表面に付着した有機系のガスや汚れが光照射により酸化分解され，酸化物本来の高い表面エネルギーを持つ表面が出るためという説と，光照射が表面に何らかの構造変化を誘起し，そこに水が解離吸着して親水化するという説がある．多結晶薄膜では，ナノサイズの粒子が様々な結晶方位でランダムに配置していることにより粒子間で分解，もしくは親水化速度にバラツキが生じ，これにより一定時間光照射を行うと表面内で親水化した部分の貫通（パーコレーション）が生じ，これにより水が濡れ広がる機構が考えられている．

　なお，酸化チタンは親水化の過程で，水にも油にも接触角がゼロになる，親水親油状態（両親媒状態）が得られる（**図 9.5**）．これは光照射により親水部のキャピラリーが形成されてくる過程で親水部分も疎水部分もパーコレーションが形成される段階があるためと解釈されている．

　酸化チタンは間欠的な光照射でほぼ永久的な親水化特性が得られる反面，屈折率の高さから平滑性が優れる膜では表面での反射率が大きくなり，鏡状になることがある（図9.5参照．上面の液滴が鏡のように下の TiO_2 薄膜表面に写り込んでいる）．

9.4　コーティング方法

　固体表面へのコーティング方法には大きく分けて液体ベースの原料を何らかの方法で固体表面に塗布するウェットプロセスと，減圧下で固体もしくは液体

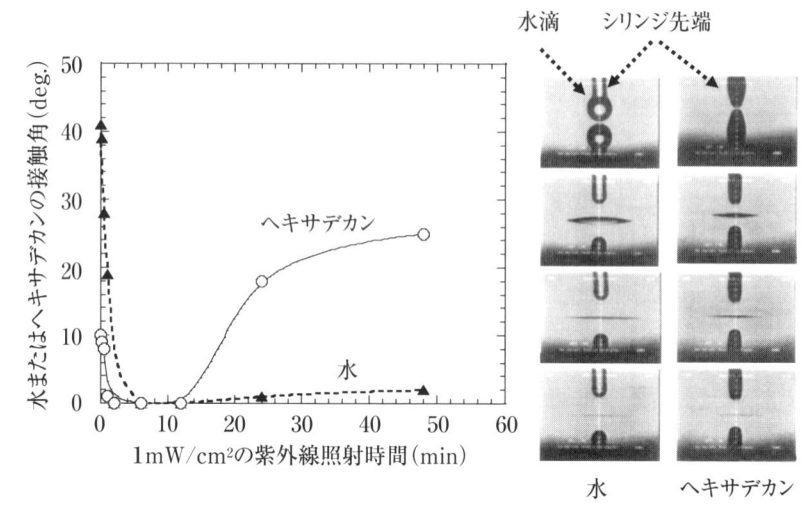

図 9.5 酸化チタン光触媒の光誘起両親媒性[4].
紫外線照射時間が 10 分程度のところで水も油（ヘキサデカン）も接触角がゼロになる．右図はその連続写真で，高度に濡れ広がっていることが分かる．酸化チタンは反射率が高いため鏡上になりやすく，上面の液滴の像が下面に写り込んでいる．ヘキサデカンは表面エネルギーが水より低いためガラス製のシリンジをよく濡らして滴にならない．

原料を輸送し固体表面に薄膜を形成するドライプロセスがある．

9.4.1　ウェットプロセス

ウェットプロセスにはスピンコート，ディップコート，ロールコート，スプレーコート，フローコート，スクリーン印刷などの技術がある．本書ではこれらのうち工業的に特に広く用いられるスピンコート，ディップコート，ロールコート，スプレーコートの 4 つについて記述する．

1) スピンコート[6]

スピンコートは適当な量のコーティング液を水平に支持した基材に載せ，その基材を遠心力で回転することでコーティング液をレベリングして成膜する技

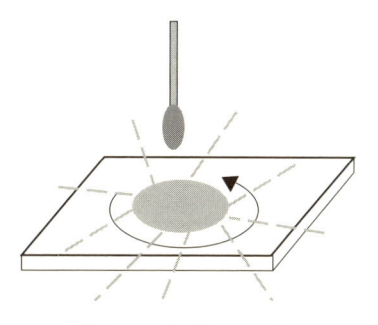

図 9.6 スピンコート.

術である（**図 9.6**）．回転数は試料の大きさにより異なるが，おおむね数百から数千回転/分程度である．全体の膜厚は回転数，液の粘度，保持時間により異なる．初期に落とした液膜がスピンコーティングによりレベリングしていく際の膜厚は，以下のように記述できることが知られている[6]．

$$h = \frac{h_0}{\sqrt{1+\dfrac{4\rho\omega^2 h_0^2 t}{3\eta}}} \tag{9.1}$$

ここで，h_0 は初期厚さ，ω は回転数，η は動的粘度，t は時間，ρ は溶液密度である．回転数が速いほど，また液の粘性が低いほど得られる膜厚は薄くなる．また基材端部では膜厚が厚くなる傾向があるが，回転中心からの距離には基本的に依存しない．

実際のコーティングではレベリング過程でコーティング液中の溶媒の蒸発がみられ，これによる固体濃度の増加や，ゲル化の進行（金属アルコキシドの場合など）による粘性増加が並行して起こるのが一般的である．液中の溶媒成分の蒸発に伴い分相などの現象を起こす場合，粘性増加が物質移動を妨げるため分相が充分に進まず準安定状態の膜組織になることがある．

スピンコーティングではコーティングのための液の量は少なくてすむが，実際の膜になる液の比率はわずか（<10％）で，大部分は基材から遠心力で飛ばされてしまう．このためプロセス的にはラボスケールの実験やスポット品の製造に向き，量産の場合は原料液の占めるコストが大きい．平坦で剛性の高い基

材へのコーティングに適しているが，支持方法を工夫すると曲率を持った基材へのコーティングも可能である．

2) ディップコート[6]

コーティング液に対し基材を入れ，所定の速度で引き上げることで成膜する方法で（**図9.7**）．基材が充分浸るだけの液量が必要であるが，実効的に膜になる液の比率はスピンコートに比べると格段に高い（>90%）．基材は一般に液に対し垂直に支持する．膜厚は液体の流れ落ちと溶媒蒸発に伴う増粘とのバランスに依存し，引き上げ速度が速いと厚い膜になり，遅いと薄い膜になる（6.7.2項参照）．引き上げ速度が速く，粘度が高い場合，膜厚は粘性抵抗と重力とのバランスで決まる．このような場合，引き上げ条件と膜厚には以下のような関係があることが知られている[7]．

$$h = C\sqrt{\frac{\eta U}{\rho g}} \qquad (9.2)$$

ここで，C は係数，U は引き上げ速度，η は動的粘度，ρ は塗工液密度である．C は通常の Newton 流体（6.2.2項参照）では 0.8 である．この関係は(6.40)式に示したものと同じである．基材の引き上げ速度が充分に遅く，液の粘性が低い場合は気-液界面での表面張力が膜厚を支配し，その場合は以下のよ

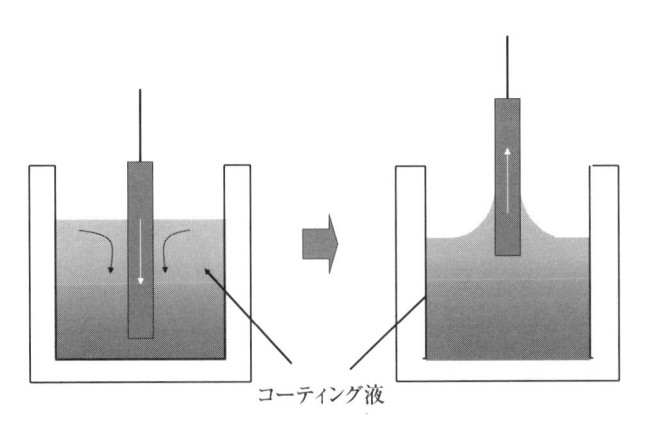

図9.7 ディップコート．

うな関係が得られている[8].

$$h = \frac{0.94 \times (\eta U)^{\frac{2}{3}}}{\gamma^{\frac{1}{6}}\sqrt{\rho g}} \tag{9.3}$$

こちらの場合では膜厚はηとUに対しては1/2乗ではなく2/3乗に比例し，また液の表面張力の1/6乗に反比例する．この関係は(6.38)式に示したものと同じである．引き上げ速度は実験室レベルでアルコキシドなどを用いてコーティングを行う際には，9 m/h 程度が選ばれる．複雑形状のものへのコーティングも可能である．

3) ロールコート

フィルム基材へのコーティングに広く用いられる．液パンに溜められたコーティング液に微細な溝やメッシュが表面に形成されている金属製のロールを浸し，このロールが回転することで液を持ち上げてメニスカスを経由してフィルムに塗布する方法である（**図9.8**）．膜厚はロールの表面形状，溝やメッシュのピッチとその深さ，液の粘性，フィルムの送り速度などに依存する．塗工速度は塗工物により毎分1～100 m 程度まで幅があり，乾燥ゾーンがいくつかに分かれていることが多い．運転条件や乾燥方法，フィルムの搬送などに多数のノウハウが存在する．設備コストがかかるが，いったん条件設定ができると量産が容易な技術である．

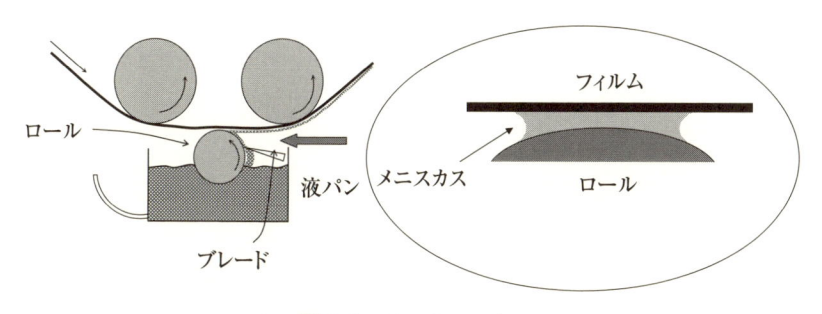

図9.8 ロールコート．

4) スプレーコート

原料液をスプレーでコーティングする方法である．他のコーティング方法に比べ膜厚の制御性は低く，スプレーガンの移動に伴い，塗り重なりの部分が出る．吐出量は毎分 10〜500 mL，吹き付け距離は数十センチ程度が一般的で，液の濃度やスプレーガンからの液滴径，スプレーガンの移動速度などが重要な工程パラメータになる．気化量が多いので，屋外か専用のブース内でコーティングを行うのが一般的である．基材は剛性が高ければ特殊形状のものでも可能であるが，フィルムや薄いエラストマーなどの軟らかい基材へのコーティングには適さない．

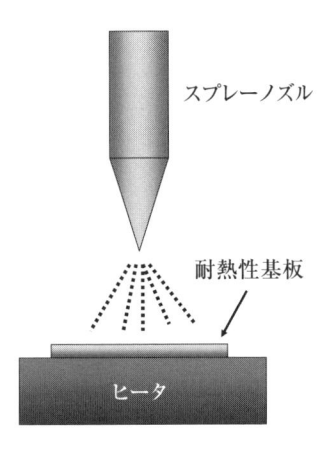

図 9.9 スプレーパイロリシス．

スプレーコートを行いながら基材を加熱するプロセスもあり，これはスプレーパイロリシス法と呼ばれる．噴霧された液体が基材近傍に到達した際に溶媒の蒸発が起こり，溶解物の析出，熱分解，結晶化が起こる．この過程を制御すると特徴的な構造を持ったコーティングが作製できる（**図 9.9** 参照）．スプレーパイロリシスは酸化チタン光触媒をコーティングしたタイルの製造に用いられる．

9.4.2 ドライプロセス

ドライプロセスは減圧下で行われる成膜方法であり，スパッタリング，蒸着（電子ビーム（EB）蒸着，化学気相蒸着（CVD）），イオンプレーティングなどが主な手法である．本書では濡れ制御の技術で実績が高いスパッタリングと蒸着について述べる．

1) スパッタリング[9]

原材料は金属や金属酸化物，ポリマーなどの固体のターゲットで，コーティングしたい基板をターゲットの近くに置き，全体を真空にしてターゲットと基板との間に電圧をかける．この状態でターゲットに対してArや窒素，酸素などのイオン状気体分子を高速で衝突させ，ターゲット内の成分を叩き出し（スパッタリング），基板上に堆積させる．スパッタリングにより，一定の運動エネルギーを持って基材表面に到達したターゲット成分（フラグメント）は，基材上を移動し，核形成，成長過程を経て膜となる．得られる膜は一般に緻密で基材との密着強度も高いものが多い．

この技術は成膜速度が比較的速い上，建材用ガラスなど，大面積の基材に対して極めて均一性に優れた成膜が可能であることが特徴で，熱線反射ガラスなど光の波長レベルでの膜厚制御が求められる大面積製品の製造に用いられる（図9.10）．一般には金属やセラミックスなどの無機物質のコーティングに利用されるが，有機物をスパッタリングする場合もある．

2) 蒸 着[10]

膜を付ける基板と膜の原料を容器内に置き（スパッタリングと違い一般に距離を離す），全体を真空状態にして，原料を何らかの方法で加熱して溶かし，蒸発させる．蒸発源からきた分子や原子が基板に到達して運動エネルギーを失い，吸着後，表面拡散し，臨界核以上になると薄膜化する（図9.11）．蒸発源からのフラックスはグレアムの流出の法則により以下のように記述される．

$$J = \alpha P / (2\pi MRT)^{1/2} \tag{9.4}$$

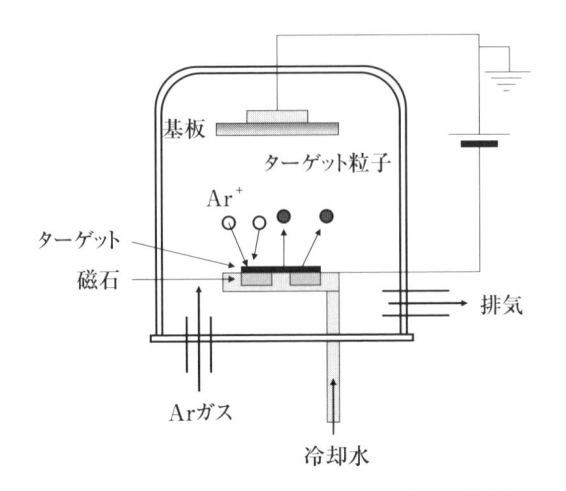

図 9.10 直流スパッタリング（Ar ガスの場合）．

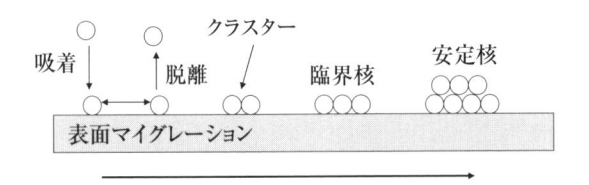

図 9.11 蒸着のプロセス．

ここで，Mは分子量，Pは圧力，Rは気体定数，Tは加熱温度(K)，αは定数である．蒸着は一般に成膜速度が速い．また原料蒸発源が点であることが多いため，スパッタリングに比べ大面積への均一コーティングは困難である．ただしスパッタリングのようなプラズマ発生がないのでそれによるエッチングなどの損傷がない．蒸着に使われる代表的な加熱方法は，電子ビーム蒸着のほかに，"抵抗加熱"と"誘導加熱"などがあり，それぞれ適した分野で使用される．電子ビーム蒸着には，加熱温度の上限に制限がないのでどんな物質でも蒸発できる，精密な制御ができるといった利点がある．電子ビーム蒸着は酸化チタン光触媒をコーティングした建材ガラスや自動車ミラーの製造に用いられ，熱蒸着はシラン系原料を用いた撥水処理に実績がある．

第 9 章 参考文献

（ 1 ） 目黒謙二郎監修，"コロイド化学の進歩と実際"，日光ケミカルズ，pp. 1-19，pp. 86-221，pp. 343-479（1987）
（ 2 ） 技術情報協会編，"【有機，無機材料における】表面処理・改質の上手な方法とその評価"，pp. 125-442（2004）
（ 3 ） 高分子学会編，"高分子科学の基礎"，東京化学同人，pp. 87-90（1986）
（ 4 ） A. Nakajima, S. Koizumi, T. Watanabe and K. Hashimoto, *Langmuir*, **16**, 7048 (2000)
（ 5 ） 中島章，金属，**75**[3]，24-31（2005）
（ 6 ） C. J. Brinker and G. W. Scherer Eds., "Sol-gel Science", Academic Press, Inc., San Diego, p. 795（1990）
（ 7 ） A. G. Emslie, F. T. Boner and L. G. Peck, *J. Appl. Phys.*, **29**, 858 (1958)
（ 8 ） C. J. Brinker, A. J. Hurd and K. J. Ward ; J. D. Mackenzie and D. R. Ulrich Eds., "Ultrastructure Processing of Advanced Ceramics" Wiley, New York, p. 223（1988）
（ 9 ） 日本学術振興会プラズマ材料科学第 153 委員会編，"プラズマ材料科学ハンドブック"，オーム社，pp. 314-378（1992）
（10） 水谷惟恭，尾崎義治，木村敏夫，山口喬，"セラミックプロセシング"，技報堂出版，pp. 220-226（1985）

10
固体表面の濡れ制御に関するトピックス

10.1 衝突転落性

　撥水性固体表面上で動的撥水性を評価する際は，転落角より高い角度に傾斜させた固体の表面に一定の質量の水滴を振動が入らないように設置し，初速度0の状態から転落させて，その速度や水滴の形状を評価・記録する方法が一般に行われる．しかしながら実際にはこのような状況は稀であり，屋外の雨滴のように，固体表面に触れる水滴の初速度は0でない場合が多い．固体表面に水滴が衝突する際の挙動は古くから研究されており[1]，その知見は冷却[2,3]や噴霧塗装[4]，インクジェットプリンター[5]等の技術やタービンブレード等[6]の設計に利用されている．

　均質な流体は，密度，粘性，表面張力などによって比較的容易に特徴づけられるが，固体表面の特性には，表面の粗さや形状，化学組成，それらの大きさや分布など様々なものがある．これらの表面特性の一部には数値化が困難なものがあるが，いずれも静的・動的濡れ性に関与する．加えて水滴は固体（特に撥水性固体）との衝突の後に弾んで表面から離れたり，複数の小さな液滴に分離するなどの現象が起こるため，固体表面への衝突時や衝突後の液滴の挙動は限定的な範囲でしか，正確に理解されていない．これらのことから，液滴が固体と衝突した結果生じる濡れの現象と，固体表面との特性との対応付けは，必ずしも充分に行われているとは言えない．

　液滴は水平に支持された撥水性固体と衝突すると円盤状に濡れ広がっていき，やがて最大径に達した後に再び元の大きさに近いところまで戻ろうとする．この際に粘性流動に伴うエネルギー散逸が生じる．この粘性散逸エネルギーは，消散関数（dissipation function, 流体が粘性の作用により単位体積・

単位時間あたりに熱として失うエネルギーを示す関数）を変形時の体積とそれに要する時間とで積分することにより算出される．この消散関数は粘性係数と，濡れ広がる際の各方向の速度ベクトルの位置微分の2乗の和から得られる関数の積で記述でき，衝突の場合，液滴を撥水性固体表面に垂直に衝突させ，この際の最大径やそれに要する時間を計測して，その値を基に液滴や固体の特性と関連付ける研究が主に行われている[7-11]．液滴を固体に対して垂直に衝突させた場合を取り扱った報告の数と比較して，傾斜面への液滴の衝突を扱った例は限られている[12-18]．Miyamoto らはアルキル系（ODS）とフッ素系（FAS17）の2種類の撥水性シランを用いて，表面粗さ 0.5 nm 以下の高度に平滑かつ均質なコーティングを作製し，これを用いて傾斜面に対して一定の高さから落とすことで初速を与えた水滴が，表面で転落する様子を検討している[19]．彼らは作製した試料を 45°に傾斜させ，所定の高さ（0～165 mm）にセットしたシリンジの先端から 15 mg の水滴を試料に落下させた後，さらに約 4 cm 転落させ，高速度カメラにより液滴の衝突転落挙動を横と上の2方向から同時に記録した．この計測では，固体表面に衝突した水滴がその衝撃で弾んで固体から離れたり，複数の水滴に分裂したりしない範囲でのみ行われている．その結果，初速を与えない，通常の転落速度測定の条件では，ODS の方が FAS17 よりも転落時間が短くなるが，液滴に初速を与えると，転落時間の差が徐々に小さくなり，最終的には序列が逆転して FAS17 の方が ODS よりも転落時間が短く（転落速度が速く）なることを示した（**図 10.1** 参照）．衝突前後の液滴の運動エネルギーと位置エネルギーの合計値の差から，水滴が撥水性固体に衝突後に転落する際には，衝突およびその後の形状変化に伴うエネルギー散逸がその後の転落挙動に影響を与えていることが明らかになった．この2つのコーティングでは，転落角，接触角ともに ODS＜FAS17 となることから，FAS17 は ODS よりも三重線が移動しにくいため変形が抑制され，それゆえにエネルギー散逸も小さくなると考察されている．衝突してからの液滴の転落過程においては，初速を与えない測定法から得られる固/液界面における液滴の移動抵抗の影響が小さくなり，液滴の変形量の大小に着目する必要性が生じてくる．このことは実用材料の静的・動的濡れ性の評価にあたり，実際の使用環境に応

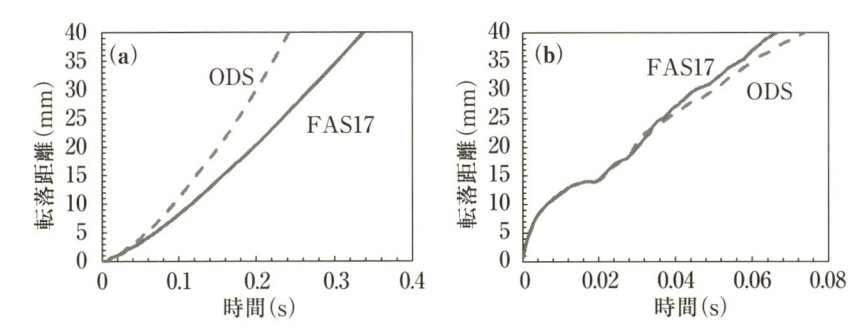

図 10.1 平滑 ODS コーティングと平滑 FAS17 コーティング上での水滴の衝突転落性．(a)は初速度ゼロでの通常の転落であり，ODS の方が転落速度が高い．(b)はある一定の高さから同じ表面に水滴を落とした際の，衝突後からの転落速度で，FAS17 が ODS の速度を上回っていることが分かる．(b)のグラフが波打っているのは，衝突に伴い，水滴が弾性的な変形を繰り返しながら転落をしているためである（参考文献[19]，fig.7 から一部修正）．

じた評価・比較方法の採用する重要性を示す 1 つの事例と言える．

10.2 自発跳躍

　超撥水に代表される高度撥水表面上での水滴の挙動に関する従来の研究も，大部分が水滴を固体表面に直接設置する形で行われてきた．このような状況は，単独あるいはクラスター状の水分子が凝結して水滴を形成して濡れる状況とは異なる．前者の濡れと後者の濡れが同一ではないのは，水滴ではないクラスター状の水分子では表面の粗さをほとんど感じないことからも容易に想像がつく．この凝縮濡れも，実用上も重要であるが，固体の正確な評価，制御を行った上で，凝結による水滴形成過程とともに，その後の合一などの水滴の挙動を詳細に検討，解析した研究は，未だ限定的である．

　2010 年頃から，ナノレベルの粗さを有する超撥水性表面において，結露した微小水滴が自発的に跳躍[20,21]，もしくは表面を移動する現象が報告された（図 10.2 参照）[22]．このことは固体表面からの水滴の除去性能を高めるため，

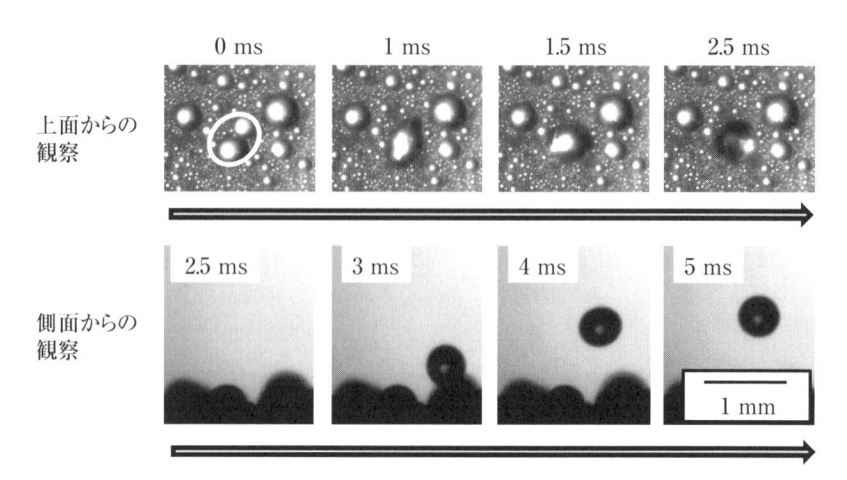

図 10.2 超撥水表面上での水滴の自発跳躍．0～2.5 ms は上方からの観察で，2.5～5 ms は同一箇所を側方から観察したもの．0 ms の写真で丸で囲んだ部分にある2つの水滴が1～2 ms で合一し変形したのち，3 ms 付近で跳躍を開始する（参考文献[27]，fig.5から一部修正）．

冷却器等の結露や氷結の防止，あるいは熱交換機の効率向上等，エネルギー効率を高める工学上の表面設計技術につながると考えられる[23,24]．

この水滴の自発跳躍現象については，液滴の合体による気液界面の減少に起因する表面エネルギー差の開放により生じると考えられている[20]．2つの液滴が合一しても合一後の液滴の表面積は，合一前の2つの水滴の表面積の合計より少なくなるため，その分の表面エネルギーが液滴の運動エネルギーに変換される．当然のことながら，この現象の効果は，合一する2つの水滴の大きさが近い方が著しい．大きな水滴と小さな水滴が合一しても，大きな水滴は容易には移動しない．理想的に同じ大きさの2つの水滴が合一した場合の理論跳躍初速度はすでに計算されている[25,26]．Yanagisawa らは，独自に作製した超撥水コーティングを用いてこの自発跳躍の現象を2方向から直接観察することで，合一前後の水滴径，跳躍速度，跳躍高さとの関係を詳細に評価し，超撥水表面への結露の進行とともに，複数の水滴が合体して1つの液滴になるときの界面減少に伴うエネルギーが水滴の自発跳躍の運動エネルギーに変換され，跳躍す

ることを裏付けた．しかしながら実測される運動エネルギーは表面エネルギー差から見積もられるものよりも小さく，液滴の合体時の内部流動に伴う粘性散逸エネルギーの大きさが，跳躍速度に大きな影響があることを示した[27]．

一方 Miljkovic らは，Cu チューブ表面を超撥水化し，チューブ内に冷却水を流して表面を冷却して結露した際の水滴の自発跳躍現象を観察し，跳躍する水滴同士が互いに反発する現象を報告した．重力と垂直方向に電場をかけることで水滴の軌跡を調査し，その変化から水滴の帯電量を算出し，自発跳躍する水滴は，超撥水表面上にコーティングされたフッ素系化合物と接触することで正に帯電していることを明らかにした[28]．そしてこのチューブ状超撥水性表面の周囲にCuメッシュの電極を配置し，電界をかけることで，結露水滴の跳躍が大幅に増強されることを報告した[29]．このことは，水滴の自発跳躍現象を外場（電場）で適切にアシストすることで，水滴の除去性能を向上させることができることを示している．

10.3　固体/液体ハイブリッド材料

本書で先に述べたように，超撥水表面で水滴がコロコロ転がる現象が得られるのは，Cassie モードが作用することで固体と液体との界面に空気が噛みこみ，実質的な固/液接触面積の割合が著しく低減されるためである．しかしながら超撥水表面には屋外での使用に対して充分な耐久性や硬度を付与することが困難であるため[30,31]，この空気層を長期間安定的に維持することができず，このことが実用化を妨げる大きな要因となっている．

超撥水表面はいわゆる，自然界にある蓮の葉を模倣した技術であるが，2010年代に入り，撥水性の多孔質固体に低表面エネルギーのオイルを含浸させ，多孔体の細孔を流体との'反応場'としてではなく，流体を'保持'する場とする新たなハイブリッド材料（以下，本書ではこの材料をSLBC（Solid Liquid Bulk Composite）と略記する）が提案された[32]．このSLBCの構造は，いわば自然界に存在する食虫植物であるウツボカズラの表面構造を人工的に模倣したものであり，表面が撥水性固体と低表面エネルギー液体との複合体となるため，水

滴が非常に転落しやすいうえに，オイルは多孔質固体に毛管力で保持されているため容易に流れ出ることはない．また，表面が損傷を受けた場合は，オイルが損傷個所に濡れ広がることで急激な性能劣化を招かないことから，従来の超撥水表面の弱点である，長期耐久性の不足を克服できる可能性がある複合材料である．SLBC を作製するには，①オイルが安定に多孔構造中に存在すること，②基材に対し，オイルが液滴よりも濡れやすいこと[33]，③オイルと液滴が混じり合わないこと，等の条件を満足することが必要である．2012 年以降，SLBC に関しては，水滴の転落性や蒸発，結露，降霜，含浸する液体の性質や固体の多孔構造が及ぼす影響などが幅広く検討されている[34-41]．また可視光領域で透明な SLBC[42-48] や，イオン液体をオイルとして含侵させた SLBC[49-52] も開発されており，特に後者では，250℃ の熱処理，真空処理，真空紫外光照射を行っても液滴除去性能が維持される SLBC や，95℃ の温水に対しても優れた除去性能を示す SLBC 等が報告されている．

　SLBC は，固体と液体（一般にはフッ素やシリコーン系の低表面エネルギーのオイル）の複合材料であるため，その上に水滴が着滴した際には，SLBC の固体部分，SLBC 内部の含浸オイル，水滴，空気の 4 相が系中に存在することになる．Smith らは，この系の界面の状態が，拡張濡れの仕事（拡張係数）S により予測することができることを報告した[40]．その様子を**図 10.3** に示す．このように SLBC では構成成分の界面エネルギーの関係により，その上に設置する水滴が固体と直接接触する場合と接触しない場合が想定される．たとえ固体と接触したとしても，固体は撥水性であるため，水滴の転落角は低くなる．さらに含浸オイルと水滴との間には wetting ridge と呼ばれる（**図 10.4** 参照）特徴的なメニスカスが三重線周辺に形成され，水滴が移動する際にともに移動したり，水滴の回転のしやすさに影響を与えたりするため，含浸するオイルの粘性もその水滴の動的挙動に影響を与える[53]．SLBC 上の水滴の転落に対する wetting ridge の影響は粘性散逸エネルギーを用いて解析されている[53]．これらの要因が関与し，この材料での動的撥水性は一層複雑なものになっている．フッ素系のオイルを用いた SLBC 上の水滴は，電場により制御が可能であることも示されており，その際の主な駆動力はオイルと水滴との接触による

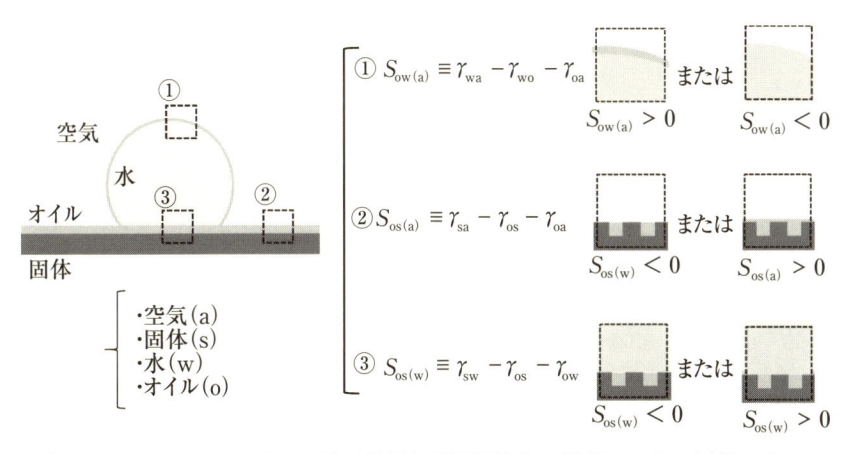

10.3 固体／液体ハイブリッド材料

図 10.3 Smith らが示した界面状態と拡張係数との関係．空気，固体，水，オイルのそれぞれから各2つの界面間の界面エネルギーを γ とし，その値から拡張係数 S を求めることで，界面状態が推定できる（参考文献[53]，Supporting Information から一部修正）．

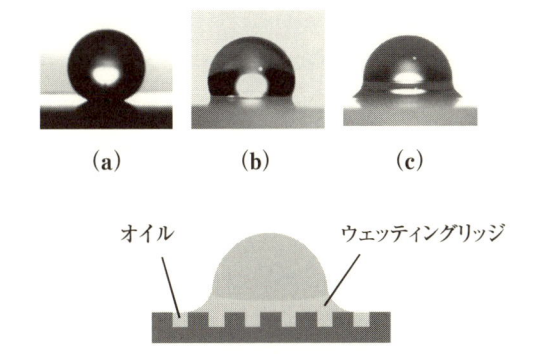

① $S_{ow(a)} \equiv \gamma_{wa} - \gamma_{wo} - \gamma_{oa}$ $S_{ow(a)} > 0$ または $S_{ow(a)} < 0$

② $S_{os(a)} \equiv \gamma_{sa} - \gamma_{os} - \gamma_{oa}$ $S_{os(w)} < 0$ または $S_{os(a)} > 0$

③ $S_{os(w)} \equiv \gamma_{sw} - \gamma_{os} - \gamma_{ow}$ $S_{os(w)} < 0$ または $S_{os(w)} > 0$

・空気(a)
・固体(s)
・水(w)
・オイル(o)

図 10.4 (a)超撥水表面上の水滴，(b)(c)SLBC 上の水滴．SLBC 上の水滴では，ウェッティングリッジと呼ばれる特徴的なメニスカスが見られる（参考文献[54]，fig.5 から一部修正）．

帯電であることが知られている[54]．

オイルの蒸発による特性低下の課題はあるが，イオン液体を用いた場合はその心配はほとんどなく，従来の超撥水表面に比べ，格段に広範囲での環境下で

耐久性を発揮することから，濡れを用いた新たな表面機能材料として期待されている．

10.4　水ハーベスタ

本書ですでに述べたように，原理的には Wenzel モード単独でも超撥水表面を実現することが可能である．また，粗さを持った撥水性表面に微小な親水的な部位（親水点）が存在すると，超撥水状態でありながら，水滴がきわめて転落しにくい状態が実現する．このような表面はその特徴が見いだされたものの名前にちなみ，petal（花びら）surface[55]，または gecko（ヤモリ）surface[56] などと呼ばれることがある．この表面は砂漠のような乾燥地帯で暮らす昆虫等の生物にとっては，水を捕集する上で大切な機能である[57,58]．このような環境中の霧や結露水を捕集するデバイスは広く水ハーベスタと呼ばれており，自然を模倣した様々な形状・濡れ性を用いた表面やシステムが提案されている[59-73]．

環境中の霧や結露水を捕集する過程は，①水蒸気の結露，②水滴の成長，③液滴の転落の3ステップに基づく[74]．よって，①早い結露，②早い液滴成長，③大きな液滴の保持，④速い液滴除去の4点が全体の効率に影響を与える．水蒸気から液滴を結露させたり，より多くの霧を付着させたりするためには親水表面が理想的であるが，液滴の成長を促進させるためには，液滴の表面積が大きいほうがよく，撥水的な表面の方が有利である．また，固体表面よりも水滴表面の方が，外部雰囲気からの凝結や霧の付着が起こりやすく，表面に多くの水を保持することができる．これらのことから，水ハーベスタのシステムでは，接触角が高く，水滴を表面に立体的に（厚さを持って）保持でき，かつ表面での水滴面積分率が高い材料（例えば，petal surface や gecko surface のような，水滴保持能力の高い超撥水表面）と，それを効果的に集める親水的な材料または部位を面内または空間的に共存させ，水の保持能力を撥水部位に，水の捕集（回収）能力を親水部位に担わせる設計となっているものが多くみられる[59,60,63,75-77]．

10.5 ライデンフロスト現象

　液体をその沸点よりはるかに高い温度に熱した固体表面に滴らすと，蒸発気体の層が液体の下に生じて液滴が浮上することで熱伝導を阻害し，液体が液滴となって固体表面を動き回る現象が知られている（**図10.5**参照）．この現象はライデンフロスト現象[78,79]と呼ばれており，高温のフライパンに水滴を落としたり，液体窒素を容器にそそぐ際にしばしばみられ，液体の急激な蒸発が抑制されるため，比較的長い時間継続する．"ライデンフロスト現象"は1750年代にJ. G. Leidenfrostにより報告され，2000年以前はこの現象に関する研究はあまり盛んではなかったが，2010年代に入り，この現象を改めて学術的に取り扱う研究報告がみられるようになり，近年その数が増加している[80-86]．

　この現象が生じる固体表面の温度（ライデンフロスト点）は，表面の粗さにより影響を受けることが報告されている[80,81]．Kanoらは独自の方法で様々な大きさの粗さを持つZnOのロッド構造の集合体を作製し，その上でのライデンフロスト点を測定した[87]．その結果，ライデンフロスト点を低下させるためには，ある適切な範囲の粗さ構造（固体表面と液滴との接触面積分率）があり，粗さがそれよりも大きすぎても小さすぎてもライデンフロスト点は低下しないことを見出している（**図10.6**参照）．これは水滴を浮上させるために，ある程度水蒸気を水滴と固体の間に溜める必要があるためで，粗さが大きすぎると蒸気の漏れが多くなるためライデンフロスト現象が得られなくなる．

　固体に特定の方向性を持つ粗さを与えた表面（ラチェット表面）上では，水滴の蒸発に伴い，その蒸気の流れに方向性が生まれることから，水滴が特定方向に運動する[81,82,84]．この動的ライデンフロスト現象は，新たな液体輸送デバイスの機構の1つとして注目され始めている[85]．Quereらはこの動的ライデンフロスト現象で移動している水滴の内部流動をPIV法で可視化し，熱対流と蒸気の吹き出しに伴う，特徴的な内部流動がみられることを明らかにしている[88]．

　廃熱エネルギーの回収・再利用の必要性は様々な分野で認識されているが，これらは一般に，400℃を超える高温の熱エネルギーを対象としているものが多い．一方，100〜300℃の比較的低温の熱エネルギーは，量的に多いものの

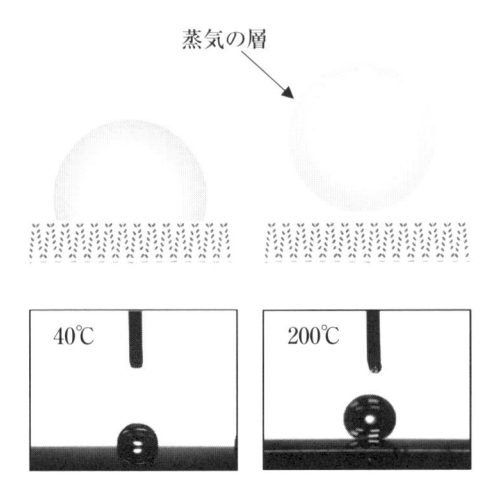

図 10.5 ライデンフロスト現象の模式図と実際の水滴．固体は Si 基板にフッ素系のシランをコーティングして撥水化したもの．

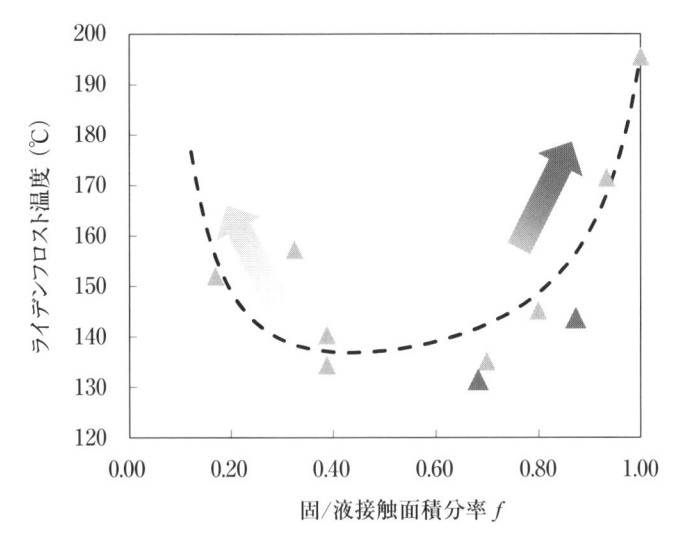

図 10.6 Kano らが示した固/液接触面積分率とライデンフロスト温度との関係．固/液接触面積分率が小さいほど粗さが大きくなるが，0.4 付近以下ではライデンフロスト温度が上昇する（参考文献[87]，fig.10 から一部修正）．

エントロピーが増大しているため，回収・再利用が従前の技術では困難である．
図 10.7 に示すように，ライデンフロスト現象が発生する温度域は，社会的に回収要請の高い低温廃熱の温度域と一致するため，この現象はエネルギー変換技術の1つとしても注目され始めている．

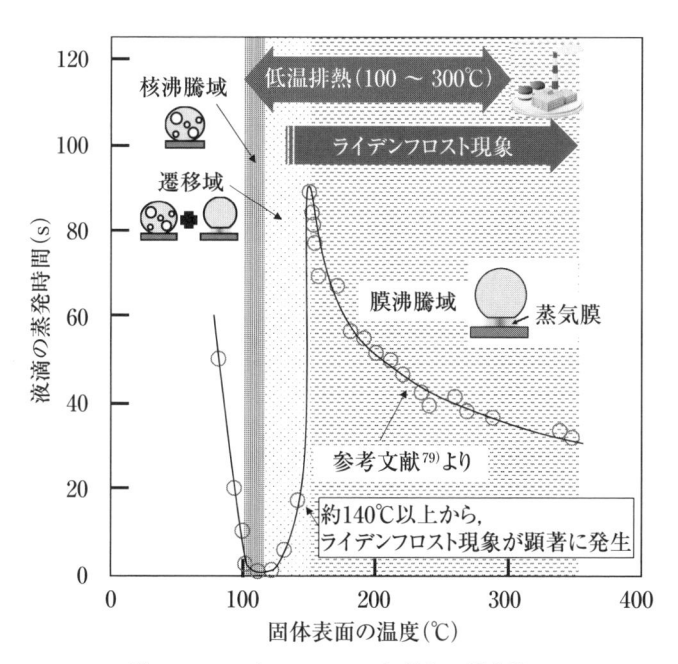

図 10.7 ライデンフロスト現象の温度域．

第 10 章 参考文献

(1) A. Worthington, *Proc. Roy. Soc. London*, **25**, 261 (1876)
(2) W. M. Grissom and F. A. Wierum, *Int. J. Heat Mass Trans.*, **24**, 261 (1981)
(3) M. Ghodbane and J. P. Holman, *Int. J. Heat Mass Trans.*, **34**, 1163 (1991)
(4) E. Gutierrez-Miravete, E. J. Lavernia, G. M. Trapaga, J. Szekely and N. J. Grant, *Metall. Trans. A − Phys. Metal and Mater. Sci.*, **20**, 71 (1989)
(5) A. Asai, M. Shioya, S. Hirasawa and T. Okazaki, *J. Imaging Sci. Technol.*, **37**, 205 (1993)
(6) C. H. R. Mundo, M. Sommerfeld and C. Tropea, *Int. J. Multiphas. Flow*, **21**, 151 (1995)
(7) S. Sikalo, M. Marengo, C. Tropea and E. Ganic, *Exp. Therm. Fluid Sci.*, **25**, 503 (2002)
(8) R. Rioboo, M. Marengo and C. Tropea, *Exp. Fluids*, **33**, 112 (2002)
(9) C. Clanet, C. Béguin, D. Richard and D. Quere, *J. Fluid Mech.*, **517**, 199 (2004)
(10) C. Ukiwe, A. Mansouri and D. Y. Kwok, *J. Colloid Interf. Sci.*, **285**, 760 (2005)
(11) Y.-W. Chang, C. Ukiwe and D. Y. Kwok, *Colloids and Surfaces A*, **260**, 255 (2005)
(12) S. Sikalo, C. Tropea and E. Ganic, *J. Colloid Interf. Sci.*, **286**, 661 (2005)
(13) S. Sikalo and E. N. Ganić, *Exp. Therm. Fluid Sci.*, **31**, 97 (2006)
(14) B. S. Kang and D. H. Lee, *Exp. Fluids*, **29**, 380 (2000)
(15) R. H. Chen and H. W. Wang, *Exp. Fluids*, **39**, 754 (2005)
(16) J. Cui, X. Chen, F. Wang, X. Gong and Z. Yu, *Asia–Pacific J. of Chem. Eng.*, **4**, 643 (2009)
(17) T.-S. Zen, F.-C. Chou and J.-L. Ma, *Int. Comm. Heat Mass Trans.*, **37**, 1025 (2010)
(18) A. L. N. Moreira, A. S. Moita, E. Cossali, M. Marengo and M. Santini, *Exp. Fluids*, **43**, 297 (2007)
(19) A. Nakajima, T. Miyamoto, M. Sakai, T. Isobe and S. Matsushita, *Appl. Surf. Sci.*, **292**, 990 (2014)
(20) J. Boreyko and C.-H. Chen, *Phys. Rev. Lett.*, **103**, 2 (2009)
(21) J. Feng, Z. Qin and S. Yao, *Langmuir*, **28**, 6067 (2012)
(22) C. Dorrer and J. Rühe, *Adv. Mater.*, **20**, 159 (2008)

(23) N. Miljkovic, R. Enright and E. N. Wang, *ACS Nano*, **6**, 1776 (2012)
(24) T. Liu, W. Sun, X. Sun and H. Ai, *Langmuir*, **26**, 14835 (2010)
(25) F.-C. Wang, F. Yang and Y.-P. Zhao, *Appl. Phys. Lett.*, **98**, 053112 (2011)
(26) T. Q. Liu, W. Sun, X. Y. Sun and H. R. Ai, *Colloids Surfaces A Physicochem. Eng. Asp.*, **414**, 366 (2012)
(27) K. Yanagisawa, M. Sakai, T. Isobe, S. Matsushita and A. Nakajima, *Appl. Surf. Sci.*, **315**, 212 (2014)
(28) N. Miljkovic, D. J. Preston, R. Enright and E. N. Wang, *Nat. Commun.*, **4**, 2517 (2013)
(29) N. Miljkovic, D. J. Preston, R. Enright and E. N. Wang, *ACS Nano*, **7**, 11043 (2013)
(30) T. P. Nguyen, P. Brunet, Y. Coffinier and R. Boukherroub, *Langmuir*, **26**, 18369 (2010)
(31) L. Bocquet and E. Lauga, *Nat. Mater.*, **10**, 334 (2011)
(32) T.-S. Wong, S.H. Kang, S. K. Y. Tang, E.J. Smythe, B.D. Hatton, A. Grinthal and J. Aizenberg, *Nature*, **477**, 443 (2011)
(33) U. Bauer and W. Federle, *Plant Signal. Behav.*, **4**, 1019 (2009)
(34) A. Lafuma and D. Quéré, *Europhysics Lett.*, **96**, 96001 (2011)
(35) W. Ma, Y. Higaki, H. Otsuka and A. Takahara, *Chem. Commun.*, **49**, 597 (2013)
(36) H. A. Stone, *ACS Nano*, **6**, 6536 (2012)
(37) P. Kim, T.-S. Wong, J. Alvarenga, M. J. Kreder, W. E. Adorno-Martinez and J. Aizenberg, *ACS Nano*, **6**, 6569 (2012)
(38) K. Rykaczewski, S. Anand, S. B. Subramanyam and K. K. Varanasi, *Langmuir*, **29**, 5230 (2013)
(39) S. Anand, A.T. Paxson, R. Dhiman, J. D. Smith and K. K. Varanasi, *ACS Nano*, **6**, 10122 (2012)
(40) J. D. Smith, R. Dhiman, S. Anand, E. Reza-Garduno, R. E. Cohen, G. H. McKinleya and K. K. Varanasi, *Soft Matter*, **9**, 1772 (2013)
(41) N. Vogel, R. A. Belisle, B. Hatton, T.-S. Wong and J. Aizenberg, *Nat. Commun.*, **4**, 2176 (2013)
(42) K. K. Tseng, W. H. Lu, C. W. Han and Y. M. Yang, *Thin Solid Films*, **653**, 67 (2018)

(43) P. Wang, D. Zhang, S. Sun and T. Li, Y. Sun, *ACS Appl. Mater. Interfaces*, **9**, 972 (2017)
(44) M. Liu, Y. Hou, J. Li, L. Tie and Z. Guo, *Chem. Eng. J.*, **337**, 462 (2018)
(45) I. Okada and S. Shiratori, *ACS Appl. Mater. Interfaces*, **6**, 1502 (2014)
(46) C. C. Chen, C. J. Chen, S. A. Chen, W. H. Li and Y. M. Yang, *Colloid Polym. Sci.*, **296**, 319 (2018)
(47) L. Chen, A. Geissler, E. Bonaccurso and K. Zhang, *ACS Appl. Mater. Interfaces*, **6**, 6969 (2014)
(48) P. Kim, M. J. Kreder, J. Alvarenga and J. Aizenberg, *Nano Lett.*, **13**, 1793 (2013)
(49) D. F. Miranda, C. Urata, B. Masheder, G. J. Dunderdale, M. Yagihashi and A. Hozumi, *APL Mater.*, **2**, 056108 (2014)
(50) X. Q. Wang, C. D. Gu, L. Y. Wang, J. L. Zhang and J. P. Tu, *Chem. Eng. J.*, **343**, 561 (2018)
(51) Y. Ding, J. Zhang, X. Zhang, Y. Zhou, S. Wang, H. Liu and L. Jiang, *Adv. Mater.*, **2**, 2 (2015)
(52) Y. Galvan, K. R. Phillips, M. Haumann, P. Wasserscheid, R. Zarraga and N. Vogel, *Langmuir*, **34**, 6894 (2018)
(53) Y. Takada, M. Sakai, T. Isobe, S. Matsushita and A. Nakajima, *J. Mater. Sci.*, **50**, 7760 (2015)
(54) Y. Tsuruki, M. Sakai, T. Isobe, S. Matsushita and A. Nakajima, *J. Mater. Res.*, **29**, 1546 (2014)
(55) B. Bhushan and M. Nosonovsky, *Phil. Trans. R. Soc. A*, **368**, 4713 (2010)
(56) I. Badge, A. Y. Stark, E. L. Paoloni, P. H. Niewiarowski and A. Dhinojwala, *Sci. Rep.*, **4**, 6643 (2014)
(57) A. R. Parker and C. R. Lawrence, *Nature*, **414**, 33 (2001)
(58) T. Nørgaard and M. Dacke, *Frontiers in Zoology*, **7**, 23 (2010)
(59) M. Cao, J. Xiao, C. Yu, K. Li and L. Jiang, *Small*, **11**, 4379 (2015)
(60) S. Ozden, L. Ge, T. N. Narayanan, A. H. C. Hart, H. Yang, S. Sridhar, R. Vajtai and P. M. Ajayan, *Appl. Mater. Interfaces*, **6**, 10608 (2014)
(61) B. Wang, Y. Zang, W. Liang, G. Wang, Z. Guo and W. Liu, *J. Mater. Chem. A*, **2**, 7845 (2014)
(62) N. Leventis, C. Chidambareswarapattar, A. Bang and C. Sotiriou-leventis,

Appl. Mater. Interfaces, **6**, 6872（2014）

(63) S. Kato, K. Yamada and T. Nishide, *J. Ceram. Soc. Jpn.*, **123**, 73（2015）

(64) J. B. Boreyko, R. R. Hansen, K. R. Murphy, S. Nath, S. T. Retterer and C. P. Collier, *Sci. Rep.*, **6**, 19131（2016）

(65) J. E. Castillo, J. A. Weibel and S. V. Garimella, *Int. J. Heat Mass Trans.*, **80**, 759（2015）

(66) B. White, A. Sarkar and A.-M. Kietzig, *Appl. Surf. Sci.*, **284**, 826（2013）

(67) B. S. Laria, S. Anand, K. K. Varanasi and R. Hashaikeh, *Langmuir*, **29**, 13081（2013）

(68) X. Chen, J. Wu, R. Ma, M. Hua, N. Koratkar, S. Yao and Z. Wang, *Adv. Funct. Mater.*, **21**, 4617（2011）

(69) Y. Hou, M. Yu, X. Chen, Z. Wang and S. Yao, *ACS Nano*, **9**, 71（2015）

(70) A. Lee, M.-W. Moon, H. Lim, W.-D. Kim and H.-Y. Kim, *Langmuir*, **28**, 10183（2012）

(71) B. White, A. Sarkar and A.-M. Kietzig, *Appl. Surf. Sci.*, **284**, 826（2013）

(72) G.-T, Kim, S.-J. Gim, S.-M. Cho, N. Koratkar and I.-K. Oh, *Adv. Mater.*, **26**, 5166（2014）

(73) G. Liu, M. Cai, X. Wang, F. Zhou and W. Liu, *ACS Appl. Mater. Interfaces*, **6**, 11625（2014）

(74) Z. Yu, F. F. Yun, Y. Wang, Li Yao, S. Dou, K. Liu, L. Jiang and X. Wang, *Small*, **13**, 1701403（2017）

(75) G. Godeau, J. P. Laugier, F. Orange, R.-P. Godeau, F. Guittard and T. Darmanin, *Appl. Surf. Sci.*, **411**, 294（2017）

(76) Y. Chan, D. Li, T. Wang and Y. Zheng, *Sci. Rep.*, **6**, 19978（2016）

(77) B. Wang, Y. Zang, W. Liang, G. Wang, Z. Guo and W. Liu, *J. Mater. Chem. A*, **2**, 7845（2014）

(78) J. G. Leidenfrost, *Int. J. Heat Mass Trans.*, **9**, 1153（1966）

(79) A.-L. Biance, C. Clanet and D. Quere, *Phys. Fluids*, **15**, 1632（2003）

(80) D. A. del Cerro, A. G. Marín, G. R. B. E. Rörmer, B. Pathiraj, D. Lohse and A. J. Huis in't Veld, *Langmuir*, **28**, 15106（2012）

(81) G. Dupeux, P. Bourrianne1, Q. Magdelaine, C. Clanet and D. Quere, *Sci. Rep.*, **4**, 5280, 1（2014）

(82) H. Linke, B. J. Alemán, L. D. Melling, M. J. Taormina, M. J. Francis, C. C. Dow-

Hygelund, V. Narayanan, R. P. Taylor and A. Stout, *Phys. Rev. Lett.*, **96**, 154502 (2006)
(83) L. E. Dodd, D. Wood, N. R. Geraldi, G. G. Wells, G. McHale, B. B. Xu, S. Stuart-Cole, J. Martin and M. I. Newton, *ACS Appl. Mater. Interfaces*, **8**, 22658 (2016)
(84) M. Mrinal, X. Wang and C. Luo, *Langmuir*, **33**, 6307 (2017)
(85) A. Milionis, C. Antonini, S. Jung, A. Nelson, T. M. Schutzius and D. Poulikakos, *Langmuir*, **33**, 1799 (2017)
(86) A. Davanlou, *Langmuir*, **32**, 9736 (2016)
(87) T. Kano, T. Isobe, S. Matsushita and A. Nakajima, *Mater. Chem. Phys.*, **217**, 192 (2018)
(88) A. Bouillant, T. Mouterde, P. Bourrianne, A. Lagarde, C. Clanet and D. Quere, *Nature Physics*, **14**, 1188 (2018)

索　引

A
網目状骨格⋯⋯⋯⋯⋯⋯⋯⋯⋯⋯18
アミン(RNH_2)⋯⋯⋯⋯⋯⋯⋯⋯161
Amonton(アモントン)の法則⋯⋯⋯154
アンカー効果⋯⋯⋯⋯⋯⋯146, 151
アルキル(系)シラン⋯⋯123, 124, 180, 206
アルキル鎖⋯⋯⋯⋯⋯⋯⋯⋯⋯192
圧力⋯⋯⋯⋯⋯⋯⋯⋯⋯⋯⋯114

B
バンドの曲がり⋯⋯⋯⋯⋯⋯⋯194
バルトロピー流体⋯⋯⋯⋯⋯⋯108
Bernoulli(ベルヌーイ)⋯⋯⋯⋯⋯107
　　──の定理⋯⋯⋯⋯⋯⋯⋯110
Berthelotの幾何平均法則⋯⋯⋯⋯36
ビンガム流体⋯⋯⋯⋯⋯⋯⋯⋯112
防曇⋯⋯⋯⋯⋯⋯⋯⋯⋯⋯⋯195
分散力⋯⋯⋯⋯⋯⋯⋯⋯⋯41-44
分子間力説⋯⋯⋯⋯⋯⋯⋯⋯147
ブラウン運動⋯⋯⋯⋯⋯⋯⋯⋯26
ブリードアウト(breed out)⋯⋯18, 151
物理吸着⋯⋯⋯⋯⋯⋯12, 13, 15, 159

C
Carre⋯⋯⋯⋯⋯⋯⋯⋯⋯⋯⋯124
　　──の式⋯⋯⋯⋯⋯⋯125, 126
Cassie⋯⋯⋯⋯⋯⋯⋯⋯⋯72, 73
　　──のモード⋯⋯⋯⋯⋯92, 119
　　──の式⋯⋯⋯70, 72, 73, 91, 97, 186
超撥水(性)⋯⋯⋯⋯3, 4, 30, 73, 76, 78-82,
　　　　105, 119, 121, 137, 152, 168-174
超親水(性)⋯⋯⋯⋯⋯5, 30, 65, 78, 79, 186
超撥油⋯⋯⋯⋯⋯⋯⋯⋯⋯⋯76
超平滑⋯⋯⋯⋯⋯⋯⋯⋯⋯⋯127
超潤滑⋯⋯⋯⋯⋯⋯⋯⋯⋯⋯163
長距離力⋯⋯⋯⋯⋯⋯⋯⋯⋯126
Coulomb(クーロン)力⋯⋯⋯⋯16, 137
CVD(化学蒸着法：Chemical
　　Vapor Deposition)⋯⋯⋯127, 201
着雪(性)⋯⋯⋯⋯⋯165, 168, 170, 173
　　──率⋯⋯⋯⋯⋯⋯⋯⋯174
　　──性⋯⋯⋯⋯⋯⋯⋯⋯168

D
ダイラタント流体⋯⋯⋯⋯⋯⋯112
ダングリングボンド⋯⋯⋯⋯⋯⋯17
弾性係数⋯⋯⋯⋯⋯⋯⋯⋯⋯149
弾性流体潤滑(elastohydrodynamic
　　lubrication)⋯⋯⋯⋯⋯156, 158
デバイ長⋯⋯⋯⋯⋯⋯⋯⋯⋯23
Debye-Hückel
　　(デバイ-ヒュッケル)変数⋯⋯23, 68
ディップコート(コーティング)
　　⋯⋯⋯⋯⋯⋯⋯⋯131, 196, 198
伝導帯⋯⋯⋯⋯⋯⋯⋯⋯⋯⋯194
電気二重層⋯⋯⋯20-22, 68, 147, 166
電子ビーム(EB)蒸着⋯⋯⋯⋯⋯201
電子吸引性⋯⋯⋯⋯⋯⋯⋯⋯15
Derjagin(デルヤギン)の分離圧⋯⋯66
DLVO理論⋯⋯⋯⋯⋯⋯⋯⋯⋯24
ドライプロセス⋯⋯⋯⋯⋯⋯⋯201
動摩擦係数⋯⋯⋯⋯⋯⋯⋯⋯163
動粘性係数⋯⋯⋯⋯⋯⋯⋯⋯114
動的(な)メニスカス⋯⋯⋯⋯131, 132
動的な濡れ⋯⋯⋯⋯⋯⋯⋯⋯6
動的接触角⋯⋯⋯⋯⋯⋯⋯⋯130
Dupreの式⋯⋯⋯⋯⋯⋯36, 86, 147

E
エチルピリジン($C_2H_5C_5H_4N$)⋯⋯⋯161
液重法⋯⋯⋯⋯⋯⋯⋯⋯⋯⋯49
electrofreezing⋯⋯⋯⋯⋯⋯⋯180

electrowetting ················· 135
エポキシ基 ····················· 148
Euler(オイラー) ················ 107
　　——の連続方程式 ··········· 110
　　——の運動方程式 ··········· 110

F
ファン・デル・ワールス(van der Waals)結合 ····················· 12
ファン・デル・ワールス力 ····· 30, 41, 68
Fowkes の成分分け ··················· 41
Frenkel 欠陥 ······················ 9, 10
付着エネルギー ······················ 106
付着濡れ ······························ 38
付着仕事(work of adhesion)
················· 36, 37, 42, 43, 86, 147
不均一核生成(heterogeneous nucleation) ··················· 177, 179
負の水和 ······························ 94
フラグメント ······················· 201
フラクタル(fractal) ··········· 75-77, 82
　　——次元 ·························· 76
　　——構造 ······················ 3, 75
フラーレン ························· 163
Furmidge ···························· 86
　　——の式 ···················· 87, 125
Freundlich(フロイントリッヒ)の吸着等温式 ··························· 14
フロート法 ·························· 18
フルオロアルキル鎖 ················ 192
フッ素系シラン ········ 124, 180, 206
不定比化合物 ························· 9

G
含浸(impregnation) ················· 133
ガラス転移 ················· 99, 102, 149
Gibbs の自由エネルギー ··· 34-36, 39, 175
擬似液体層(quasi-liquid layer) ·· 165, 166
擬塑性流体 ························· 112

誤差関数 ··························· 115
グラファイト ······················ 162
グレアムの流出の法則 ············· 201
凝着磨耗 ··························· 157
凝集破壊 ··························· 146
凝集力(cohesion force) ········ 148, 160

H
配向 ···························· 88, 100
ハマカー定数(Hamaker constant)
·························· 25, 26, 68, 69
貧溶媒 ····························· 192
疲労磨耗 ······················ 157, 158
非晶質 ························· 9, 11, 18
HLB(Hydrophile-Lipophile Balance) ······················ 188, 191
飽和吸着量 ························· 189
氷結(freezing) ········ 174-176, 179-181
表面粗さ
····· 6, 12, 74, 77, 85, 96-98, 105, 126, 127
表面張力
······ 30-32, 35, 51, 56, 65, 96, 124, 131
表面エネルギー ··· 29, 30, 32, 35, 37, 44-46, 49, 50, 56, 63, 71, 80, 85, 97, 100, 105, 126, 134, 147, 152, 160, 179, 185-187
表面緩和(surface relaxation) ······ 11, 17
表面再構成(surface reconstruction) ··· 11
表面積比 ······················ 70, 75, 92

I
1 次結合 ······················ 147, 148
イオン結晶 ·························· 16
イソパラフィン ···················· 159
イソシアネート基 ············· 148, 192
イソステアリン酸 ··················· 160

J
自発跳躍 ······················ 207, 208
自己組織化(self-organization)

索　引

………………… 19, 49, 81, 101, 191
磁性流体……………………… 139-141
自由電子………………………………17
蒸着…………………………………201
潤滑(lubrication)……………………156
　　超——………………………………163
　　弾性流体——………………156, 158
　　——剤……………………156-158
　　混合——…………………………156
　　境界——……………156, 157, 159, 160
　　流体——……………………156-158

K

価電子帯……………………………194
化学蒸着法(CVD)……………127, 201
化学吸着……………………12-15, 159
化学磨耗………………………157, 158
化学ポテンシャル………… 54, 66, 155
界面活性剤
　……… 5, 26, 79, 95, 96, 139, 160, 188-191
回転………………………… 121, 122, 180
　　——モード…………………… 90, 120
拡張係数(spreading coefficient)
　…………………… 39, 46, 47, 66, 130, 134
拡張濡れ………………………………39
　　——の仕事 S ……………………39
拡張・収縮法…………………………88
拡散説………………………………147
核生成(nucleation)…… 175-177, 180, 181
　　不均一——……………………177, 179
　　——・成長型撥水…………………70
　　均一——…………………………177
慣性項………………………………114
慣性力…………………………114, 131
乾雪……………… 167, 168, 170, 172, 173
貫通(パーコレーション)……………195
完全流体(perfect fluid)
　……………………………… 107, 109-111
カップリング剤……………………192

過冷却………………… 9, 102, 175, 179, 180
　　——度……………………………176
カルボニル化合物…………………162
Keesom の相互作用…………………40
Kelvin の式…………………………155
結晶………………………… 9, 11, 18, 45
　　——化度…………………………19
機械的結合説………………………146
均一核生成(homogeneous
　nucleation)…………………………177
キンク…………………………………11
金属表面負活性剤…………………159
基材凝集破壊………………………146
コンフォメーション…………………18
混合潤滑(mixed lubrication)………156
混合効果(mixing effect)………………27
コロイダルシリカ……… 5, 76, 187, 194
固体潤滑剤…………………………154
固体間摩擦…………………………172
固体酸性度……………………………15
固定層(ステルン層：stern layer)……22
固定相…………………………………22
格子間原子……………………………9
後退接触角(receding contact angle)
　………………………… 86, 88, 125, 135
Kozeny-Carman 定数…………………134
共重合体………………………………49
境界潤滑(boundary lubrication)
　………………………… 156, 157, 159, 160
境界層(boundary layer)………111, 117
　　——理論…………………………107
共有結合………………………………17
吸着……………………………………12
　　物理——………………… 12, 13, 15, 159
　　化学——………………… 12-15, 159
　　——平衡定数……………………14
　　——熱……………………… 13, 159
　　——等温線………………………13
　　2層——……………… 139, 140, 189, 190

吸着等温式
 フロイントリッヒの—— 14
 ラングミュアの—— 13, 14
 テムキンの—— 14

L

Landau-Levich-Derjaguin（ランダウ-レビッチ-デルヤギン）則（LLD 則）
.... 132
Langmuir（ラングミュア）の吸着等温式
.... 13, 14
Laplace（ラプラス）圧力
.... 32, 53-56, 58, 131, 134
Leidenfrost（ライデンフロスト）現象
.... 213-215
Leidenfrost（ライデンフロスト）点
.... 213
London の分散力 40, 41, 44, 45

M

摩耗
 凝着—— 157
 疲労—— 157, 158
 化学—— 157, 158
 ざらつき—— 157
Marangoni（マランゴニ）効果 134, 135
摩擦 154
 固体間—— 172
 ——係数 154, 155, 163
メニスカス 58, 131
 動的な—— 131, 132
 静的な—— 131, 132
メトキシ基 192
見かけの粘性 171
ミネラルオイル 159, 162
水ハーベスタ 212
毛管長 51, 53, 56-58, 131
毛管上昇法 49, 50
毛管力 51, 186

毛管数（capillary namber） 131, 132

N

内部エネルギー 34
軟化点 102
ナノテクノロジー 6
Nabvier（ナビエ） 111
Navie-Stokes の運動方程式（Navie-Stokes equation） 113, 117
Navie-Stokes の式 114
粘弾性 149, 150
 ——物質 149
粘度調整剤 159
粘性 3, 35, 107, 110, 111, 116, 117, 119, 121, 141, 156, 158, 167, 171, 172
 見かけの—— 171
粘性力 114, 131, 132
 ——項 114
粘性流動 130, 172
粘性流体 107, 111, 113
Newton 流体（Newton fluid） 112, 198
$\theta/2$ 法 59, 60
2 次結合 147
二硫化モリブデン 162
2 層吸着 139, 140, 189, 190
濡れ
 動的な—— 6
 付着—— 38
 拡張—— 39
 静的な—— 6
 浸漬—— 38

O

オリゴマー 186
Ostwald（オストワルド）成長 54, 172
応力集中 148
応力テンソル 112, 113

索　引

P

パーフルオロカルボン酸
　(n-C_nF_{2n+1}COOH) ·················· 161
パラフィン ····································· 191
ペンダントドロップ法(懸滴法) ···· 49-51
ピン止め ·· 64
　──効果 ······························ 93, 94
PIV法(Particle Image Velocimetry)
　·· 121, 122
　　　　高密度── ······················ 129
　　　　低密度── ······················ 122
Plandtl(プラントル) ············ 107, 111
Poiseuille(ポワズイユ)の式 ········· 133
ポリアルキレングリコール類
　(C_nH_{2n}(OH)$_2$) ······················· 161
ポリビニルアルコール ·················· 148
ポリエチレンテレフタレート ········· 148
ポリ塩化ビニル ···························· 148
ポリオレフィン ···························· 191
PTFE ···························· 154, 162, 192
PTV法(Particle Tracking
　Velocimetry) ···························· 122
プライマー ·································· 185
　　　　──処理 ··························· 151

R

ラフネスファクター ························· 70
落雪 ····························· 168, 170, 172, 174
　　　　──開始積雪量 ········ 168, 172-174
　　　　──性 ······························ 168
ラングミュア吸着 ···························· 14
ラングミュアの吸着等温式 ········ 13, 14
乱流 ······································· 111, 114
ラプラス圧力 ········ 32, 53-56, 58, 131, 134
Rehbinder(レビンダー)効果 ········· 161
Reyleigh(レイリー)の問題 ············ 114
Reynolds(レイノルズ) ·················· 111
　　　　──数(Reynolds number)Re
　　　　································ 114, 117

臨界表面張力 ·························· 47-49
臨界ミセル濃度(Critical Micelle
　Concentration : cmc) ············ 189
ロールコート ······················ 196, 199
ルイス酸性 ···································· 15
ループ・トレイン・テール構造
　································ 19, 49, 191
両親媒性(状態) ···················· 65, 195
良溶媒 ·· 192
流動層 ································· 22, 23
粒子画像流速測定法(PIV法) ··· 121, 122
粒子間架橋 ···································· 26
流体潤滑(hydrodynamic lubrication)
　································ 156-158
流体力学 ················ 6, 106, 107, 117, 118

S

錆止め剤 ····································· 159
最大泡沫法 ···································· 49
三重線 ······· 5, 30, 32, 50, 59, 64, 65, 89, 92,
　　　　94, 124, 130, 172, 179-181
　　　　──の長さや方向 ··············· 105
算術表面粗さ ··············· 11, 70, 97, 127
　　　　──値 Ra ······················ 169
酸化防止剤 ································· 159
酸化チタン(TiO$_2$)
　············· 5, 9, 15, 44, 65, 66, 80, 194, 195
サスペンション ··························· 112
接着 ······························ 145-147, 151
　　　　──破壊 ··························· 146
静圧 ·· 110
成長(growth) ····························· 175
静電気説 ····································· 147
静電気的相互作用 ························· 15
正の水和 ······································ 94
静的メニスカス ··························· 132
静的な濡れ ····································· 6
線張力(line tension) ·········· 92, 93, 179
セルフクリーニング ················ 5, 195

セルロース($C_6H_{10}O_5$)$_n$ 誘導体 ……… 161
接線法……………………………………59
接触角(contact angle) …… 5, 30, 36, 39, 43,
　　　　　45, 50, 58-61, 64, 65, 70, 71, 74,
　　　　　80, 82, 85, 86, 88, 92, 97, 105,
　　　　　126, 130, 135, 149, 152, 179
　　　動的――………………………130
　　　後退――……………86, 88, 125, 135
　　　――ヒステリシス…… 86, 88, 94, 96,
　　　　　　　　　　　　105, 106, 123, 130
　　　――計………………………………58
　　　前進――……………86, 88, 125, 135
脂肪酸……………………………………160
指紋付着防止……………………………152
浸漬濡れ……………………………………38
浸漬仕事(湿潤張力)………………………37
親水親油状態……………………………195
浸透係数(impregnation parameter)
　　　　……………………………………37
シラン………………………… 123, 124, 180
　　　――カップリング剤…… 63, 101, 126,
　　　　　　　　　　　　179, 186, 188, 192
シラノール(基)… 18, 66, 79, 171, 192, 194
シロキサン結合……………………………18
シロキサン基………………………………18
湿雪………………………… 167, 168, 170-173
自然酸化膜………………………………154
消散関数(dissipation function)……… 205
衝突転落………………………………205, 206
Schottky(ショットキー)欠陥 ………9, 10
Schultz-Hardy(シュルツ-ハーディ)則
　　　　……………………………………23
修飾イオン…………………………………18
質量力…………………………………109, 114
SLBC(Solid Liquid Bulk Composite)
　　　　…………………………… 209, 211
疎水間相互作用……………………………94
相変化……………………………………175
双極子-双極子(双極子間)相互作用
　　　　………………………………39, 148
双極子-誘起双極子(間)相互作用
　　　　………………………………40, 148
層流………………………………………111
stick-slip 運動…………………………123
Stokes(ストークス)……………… 107, 111
すべり………………………… 121, 122, 180
　　　――のモード………………90, 120
水酸基………………………………………17
水素結合……………………………………30
スパッタリング…………………… 201, 202
スピンコート……………………………196
スピノーダル型撥水………………………70
スプレーコート…………………… 196, 200
スラリー…………………………… 3, 112
ステアリン酸
　　　($CH_3(CH_2)_{16}COOH$)………… 160, 161
ステップ……………………………………11

T

帯電系列…………………………………137
耐荷重能…………………………………158
耐荷重添加剤…………………………159, 160
体積制限効果(volume restriction
　　　effect)……………………………27
単環ナフテン……………………………159
Tanner の法則……………………………131
低密度 PIV 法……………………………122
Temkin(テムキン)の吸着等温式………14
点空孔………………………………………9
転位…………………………………………9
転落角(sliding angle) …… 65, 86, 87, 89, 91,
　　　　　97-99, 101, 105, 106, 119,
　　　　　126, 127, 130, 171, 179
転落加速度…… 105, 106, 117-119, 126-128
トライボ化学反応………………………159
トライボロジー………………… 6, 153, 157
等電点(isoelectric point)………… 20, 21

索引

U

ウェッティングリッジ............ 210, 211
ウェットプロセス............... 195, 196

V

van der Waals 結合..................12
van der Waals 力............ 30, 41, 68

W

ワックス........................... 188
WALTHER-ASTM 式................ 162
Washburn の式..................... 133
Wenzel モード......................92
Wenzel の式............... 70, 91, 97
Wilhelmy（ウィルヘルミー）法...... 49, 50
Wolfram............................89
Wolfram の式.................. 91, 120

Y

焼付き............................ 154
溶媒和......................... 88, 100
Young-Dupre の式...................36
Young の式........ 30, 32, 33, 36, 37, 39, 70,
                    72, 80, 85, 97, 124, 137
誘起双極子-誘起双極子（誘起双極子
  間）相互作用.................. 40, 148

Z

ざらつき磨耗...................... 157
前進接触角（advancing contact
  angle）.............. 86, 88, 125, 135
ζ（ゼータ）電位....................20
Zismann の経験則...................47
Zismann プロット................ 47, 48

材料学シリーズ　監修者

堂山昌男
東京大学名誉教授
帝京科学大学名誉教授
Ph. D., 工学博士

小川恵一
元横浜市立大学学長
Ph. D.

北田正弘
東京芸術大学名誉教授
工学博士

著者略歴　中島　章（なかじま　あきら）

- 1985 年　東京工業大学工学部無機材料工学科卒業
- 1987 年　同大学院無機材料工学専攻修士課程修了
  　　　　日本鉱業株式会社（現．株式会社ジャパンエナジー）入社
- 1997 年　ペンシルバニア州立大学大学院材料科学専攻博士課程修了
- 1998 年　東京大学先端科学技術研究センター寄付研究部門教官
- 2000 年　株式会社先端技術インキュベーションシステムズ取締役
- 2003 年　東京工業大学大学院理工学研究科材料工学専攻　助教授
- 2004 年　財団法人神奈川科学技術アカデミー、
  　　　　中島「ナノウェッティング」プロジェクトリーダー（～2007 年）
- 2009 年　東京工業大学大学院理工学研究科材料工学専攻　教授
- 現　在　東京工業大学物質理工学院　教授（Ph. D.）

2007 年 10 月 31 日　第 1 版発行
2019 年 9 月 25 日　増補新版発行

検印省略

材料学シリーズ
固体表面の濡れ制御
増補新版

著　者 © 中島　章
発行者　内田　学
印刷者　馬場信幸

発行所　株式会社　内田老鶴圃　〒112-0012 東京都文京区大塚 3 丁目34番 3 号
　　　　電話（03）3945-6781（代）・FAX（03）3945-6782
http://www.rokakuho.co.jp/
印刷・製本／三美印刷 K.K.

Published by UCHIDA ROKAKUHO PUBLISHING CO., LTD.
3-34-3 Otsuka, Bunkyo-ku, Tokyo, Japan

U.R. No. 557-2

ISBN 978-4-7536-5631-8 C3042

入門 表面分析 固体表面を理解するための
吉原 一紘 著　A5・224頁・本体3600円

入門 結晶化学 増補改訂版
庄野 安彦・床次 正安 著　A5・228頁・本体3800円

結晶電子顕微鏡学 増補新版
材料研究者のための
坂 公恭 著　A5・300頁・本体4400円

X線構造解析 原子の配列を決める
早稲田 嘉夫・松原 英一郎 著
A5・308頁・本体3800円

X線回折分析
加藤 誠軌 著　A5・356頁・本体3000円

電子線ナノイメージング
高分解能TEMとSTEMによる可視化
田中 信夫 著　A5・264頁・本体4000円

材料物理学入門
結晶学，量子力学，熱統計力学を体得する
小川 恵一 著　A5・304頁・本体4000円

基礎から学ぶ強相関電子系
量子力学から固体物理，場の量子論まで
勝藤 拓郎 著　A5・264頁・本体4000円

強誘電体 基礎原理および実験技術と応用
上江洲 由晃 著　A5・312頁・本体4600円

水素脆性の基礎 水素の振るまいと脆化機構
南雲 道彦 著　A5・356頁・本体5300円

結晶塑性論
多彩な塑性現象を転位論で読み解く
竹内 伸 著　A5・300頁・本体4800円

材料の速度論
拡散，化学反応速度，相変態の基礎
山本 道晴 著　A5・256頁・本体4800円

材料の組織形成 材料科学の進展
宮﨑 亨 著　A5・132頁・本体3000円

材料電子論入門
第一原理計算の材料科学への応用
田中 功・松永 克志・大場 史康・世古 敦人 共著
A5・200頁・本体2900円

結晶学と構造物性 入門から応用，実践まで
野田 幸男 著　A5・320頁・本体4800円

酸化物薄膜・接合・超格子
界面物性と電子デバイス応用
澤 彰仁 著　A5・336頁・本体4600円

酸化物の無機化学 結晶構造と相平衡
室町 英治 著　A5・320頁・本体4600円

セラミックスの物理
上垣外 修己・神谷 信雄 著　A5・256頁・本体3600円

入門 無機材料の特性
機械的特性・熱的特性・イオン移動的特性
上垣外 修己・佐々木 厳 共著
A5・224頁・本体3800円

セラミックス材料科学入門
基礎編・応用編
Kingery・Bowen・Uhlmann 著
小松 和蔵・佐多 敏之・守त 佑介・北澤 宏一・植松 敬三 共訳
基礎編 –A5・622頁・本体8800円
応用編 –A5・464頁・本体9000円

ガラス科学の基礎と応用
作花 済夫 著　A5・372頁・本体6000円

はじめてガラスを作る人のために
山根 正之 著　A5・216頁・本体2500円

セラミックス原料鉱物
岡田 清 著　A5・160頁・本体2000円

セラミックスの破壊学
脆性破壊のメカニズムとその評価
岡田 明 著　A5・176頁・本体3800円

セラミックスの基礎科学
守吉 佑介・笹本 忠・植松 敬三・伊熊 泰郎 共著
A5・228頁・本体2500円

液相焼結
German 著
守吉 佑介・笹本 忠・植松 敬三・伊熊 泰郎・丸山 俊夫 共訳
A5・312頁・本体5800円

セラミストのための電気物性入門
内野 研二 編著訳／湯田 昌子 訳
A5・156頁・本体2500円

表示価格は税別の本体価格です。　http://www.rokakuho.co.jp/